U0054845

陳大達（筆名：小瑞老師）●著

空氣動力學

概論與解析

作者序

一、在目前經濟不景氣的情況下，大學畢業學生薪資大概只有 22K，甚至更低。產業外流導致失業率高、無薪假的趨勢走向偏高以及大量與無預警式的裁員，造成就業學子的茫然，證照與學歷已不再是未來工作的保障，許多學生，紛紛轉投到軍公教的行列之中。

二、一般人都以為軍公教是鐵飯碗，但是國家大量裁軍、國防政策錯誤以及其他種種因素造成軍人的尊嚴與工作無法獲得保障，而社會的「少子化」造成流浪教師逐年升高；目前以公務人員的工作最穩定。

三、目前航空學校甚多，但證照考試分飛丙、飛乙、CAA 以及 FAA 等，飛丙證照由於獲得證照的人數太多，對求職幾乎是沒有任何幫助。但是飛乙、CAA 以及 FAA 等證照考到的機會比考公職考試還難，而且 CAA 與 FAA 單是受訓就要二、三十萬，結訓出來還不一定找到工作。

四、經過調查，民航特考所錄取的公職人員待遇遠較一般的公職人員高，而且由於其考試科目與特質的關係，文科學生只要掌握飛行原理與空氣動力學（二選一）之外，甚至錄取率比理科學生高。

五、目前坊間民航特考考試叢（套）書均註明缺空氣動力學與飛行原理的考試用書，且因民航特考的考題並未公布答案。因此作者結合民航考題利用簡明的文字描述飛行的各種原理、飛機結構的運用以及飛行現象的解釋，並針對文科學生相關數理觀念缺乏的部份做重點加強與解釋。

六、本書能夠出版首先感謝本人父母陳光明先生與陳美鸞女士的大力栽培，內人高瓊瑞小姐在撰稿期間諸多的協助與鼓勵。除此之外，承蒙秀威資訊科技股份有限公司惠予出版以及黃姣潔小姐的細心編排，在此一併致謝。

民航特考介紹

一、考試等別、類科組及暫定需用名額：

公務人員特種考試民航人員考試：

1. 考試等別：三等考試及四等考試。
2. 科別及暫定需用名額：民航特考三等設飛航管制、飛航諮詢、航空通信及航務管理等四個科別，四等設飛航諮詢、航空通信及航務管理等三個科別。

暫定需用名額得視考試成績及用人需要，擇優增減錄取。用人機關如有臨時用人需要，於典試委員會決定錄取標準前，經考試院核定，得增加需用名額。

二、考試日期：

1. 第一試：預計於每年 9 月左右招考

惟考試日期得視外語口試應考人數及試場設置情形需要予以延長。

2. 第二試：預計於每年 12 月左右舉行，實際日期須視典試委員會決議而定。

三、考試地點：僅設臺北考區。

四、其餘考試相關規定依「公務人員特種考試民航人員考試規則」之規定辦理。

五、報名有關規定事項：

（一）**報名日期：預計於每年 6 月中下旬報名。**

（二）**報名方式：**民航特考一律採網路報名，應考人請以電腦登入考選部全球資訊網，應考人進入前項系統登錄報名資料完成後務必下載列印報名書表，連同應考資格證明文件及繳款證明等，以掛號郵寄至指定地點。

六、應考人為身心障礙者、原住民、後備軍人或低收入戶、特殊境遇家庭，應繳規費予以減半優待。

【分發單位】

民航特考順利考取後，主要分發單位為交通部民航局所屬單位。民航局目前共設有十六個航空站管轄機場業務，包括由民航局直接督導之高雄國際航空站、臺北國際航空站、花蓮航空站、馬公航空站、臺南航空站、臺東航空站、金門航空站、臺中航空站及嘉義航空站等九個航空站，以及由臺北國際航空站督導之北竿航空站與南竿航空站、高雄國際航空站督導之恆春航空站、馬公航空站督導之望安航空站與七美航空站、臺東航空站督導之綠島航空站與蘭嶼航空站。**並不是依照居住地分發，有可能分發到其他縣市的單位。**

【薪資待遇】

公務人員的福利相當的優渥，除了穩定的調薪制度，亦可以透過升等考試向上爭取升遷的機會之外，另外還有子女教育補助、婚喪生育補助、急難貸款、公教人員優惠儲蓄存款、購置住宅輔助貸款，年終獎金和本人及眷屬公保及各項津貼等，此外若是進修還可以申請留職停薪等福利。此外，更令人羡慕的是，還有一筆退休金，一般而言，領退休金，每月大概可以領八成薪左右，活的越久，領的越多。近幾年民航特考皆以招考三等為主，受訓期間薪資通常以「委任四職等」給薪，大約三至四萬多，等通過訓練取得合格公務人員資格後，比照「薦任六職等」給薪，基本薪資+工作加給約五萬多左右，其餘還有獎金或加班費等福利。

contents 目次

第一章

流體的基本概念

空氣動力學是流體力學的一個分支，所以要學好空氣動力學就必須對流體的定義、特性以及性質有清楚而完整的觀念，才能針對飛機飛行時的性質變化與各種現象發生的原因以及各種航空器的空氣動力設計進行探討，因此本書在本章將先針對「流體的定義」以及「流體性質」加以介紹，方便學生能繼續研讀本書後續內容。

一、流體的定義

（一）定義

一般而言，我們都知道物體有三態：固態、液態及氣態，其中液體及氣體合稱為流體。在空氣動力學與流體力學中，我們對流體的定義是針對流體受到剪應力所產生的現象來加以定義。流體在受剪力作用時，不論剪力多小，都會發生連續性的永久變形，且剪力撤除後也不會恢復原狀。**因此，流體被定義為一種受了剪應力時即發生連續且永久性變形的物體；而此連續變形的過程即稱為流動。**

（二）特性

如前所述，物體可分為固體、液體以及氣體，液體及氣體合稱為流體，就一般物體而言，固體內部的分子與分子之間的距離會小於流體，因此固體內分子間的內聚力會大於流體。在此將流體的特性歸納如下：

固體、液體以及氣體之特性比較表

	固體	液體	氣體
分子間的作用力	強	中	弱
內聚力	強	中	弱
外在形狀的改變	體積與形狀均不易改變	體積不易改變，形狀容易改變	體積與形狀均容易改變
承受剪應力	產生彈性或非彈性的剪應變。	產生連續且永久性變形（流動）。	產生連續且永久性變形（流動）。

二、流體的黏滯性

流體在流經物體表面（例如飛機表面）時，會產生一阻滯物體運動的力量，我們稱之為流體的黏滯性（viscosity）。流體的黏滯性對飛機的運動關係就好像固體在地面運動時，摩擦力與物體運動的關係。

（一）影響因素

流體的黏滯性的影響因素大抵可分為

1. **分子與分子間的內聚力：**內聚力越大，流體的黏滯性越大。
2. **流體分子運動力：**分子的運動力越大，流體的黏滯性越大。

   PS：由於液體內部分子與分子間的內聚力遠大於氣體，所以液體的黏滯性遠大於氣體。

（二）特性

1. 只要有剪力發生，便會引發黏性阻力；但不論剪力多小，其必然破壞流體的原狀而流動。
2. 流體在靜止狀態下，沒有剪力的作用，也就不會引起黏性阻力。
3. 它關係到在管道或渠道中的流體能量損失；也是紊流（亂流）產生的主要因素之一。
4. 溫度升高時，液體的黏滯性變小，而氣體的黏滯性變大。

【範例（民航特考觀念題）】

請問飛機在靜止時是否有黏滯性？。

解答

所謂黏滯性是指物體在流體中運動時，流體會產生一阻滯物體運動的力，我們稱之為黏滯性。靜止的飛機因為沒有運動，所以沒有黏滯性。

【範例（民航特考觀念題）】

請問飛機在巡航時是否有黏滯性。

解答

所謂黏滯性是指物體在流體中運動時，流體會產生一阻滯物體運動的力，飛機巡航是指飛機在等高度與等速度飛行，既然有等速度運動，當然會有黏滯力發生。

【觀念題】

試述為何溫度升高時，液體的黏滯性變小，而氣體的黏滯性變大

解答

一、液體的黏滯性主要是由「分子與分子間的內聚力」所主導，溫度升高時，液體分子與分子間的內聚力變小，所以黏滯性變小。

二、氣體的黏滯性主要是由「分子的運動力」所主導，溫度升高時，氣體分子的運動力變大，所以黏滯性變大。

三、流體性質

用來描述流體流場狀況的特性或數量，我們稱之為流體的性質。我們知道在空氣動力學中所研究的工作流體為空氣，我們要了解空氣的性質變化情形，首先必須知道各種流體性質的定義，茲分述如下：

（一）質量（m）

衡量物體所具有的惰性效應的物理量。其公式定義如下：

$m = \dfrac{W}{g}$；在此 W 為重量，g 為重力加速度。

【範例（觀念題）】

若一物體的質量為 $100kg$，請問其重量為何？

解答

因為地球的重力加速度 $g = 9.81m/s^2$，所以該物體的重量 $W = mg = 981N$。

【範例（觀念題）】

若月球的重力加速度 $g = 1.62m/s^2$，請問質量為 $100kg$ 的物體，在月球的重為何？

解答

$W = mg = 162N$。

PS：從本題中，我們可以看出相同質量的物體，在地球的重量大約是月球的 6 倍。

（二）密度（ρ）

為單位體積內的質量。其公式定義如下：

$\rho \equiv \dfrac{m}{V}$；在此 m 為質量，V 為體積。

從上述的關係式，我們可以得出$m = \rho V$。

PS1： 液體的密度受溫度或壓力的影響並不顯著；但氣體則相當明顯。通常在飛行原理或空氣動力學的計算中，我們是用理想氣體方程式或質流率的公式求出空氣的密度。

PS2： 水的密度一般視為$1000 kg/m^3$。

【範例（民航特考觀念題）】

為何我們通常把液體的密度視為常數（不可壓縮流體）？

解答

因為液體的密度受溫度或壓力的影響並不顯著，所以我們通常把液體的密度視為常數。

【範例（民航特考觀念題）】

試說明密度ρ、體積V、比容 v 與重量 W 之間的關係。

解答

因為 W=mg，又$m = \rho V = \dfrac{V}{v}$，所以$W = \rho V g = \dfrac{V}{v} g$。

【範例（民航特考觀念題）】

試說明密度ρ、比容 v 與質量 m 彼此間的關係。

解答

一、因為$\rho=\frac{m}{V}$；$v=\frac{V}{m}$，所以$\rho=\frac{1}{v}$或$v=\frac{1}{\rho}$。

二、因為$\rho=\frac{m}{V}$；$v=\frac{V}{m}$，所以$m=\rho V=\frac{V}{v}$。

（三）比容（v）

為單位質量內的體積，其公式定義如下：

$$v\equiv\frac{V}{m}$$

從上述的關係式，我們可以得出$v=\frac{1}{\rho}$；$m=\frac{V}{v}$

（四）單位重量（比重量；specific weight）γ

單位體積內的重量，其公式定義如下：

$$\gamma\equiv\rho g$$

PS：水在一大氣壓，4^0C的情況下，單位重量為$9810N/m^3$。

（五）比重 S（specific gravity）S

為某一物質的密度與 4°C 時的水的密度的比值，其公式定義如下：

$$S\equiv\frac{\rho}{\rho_{water\,4^0c}}\equiv\frac{\gamma}{\gamma_{water\,4^0c}}$$

PS1：若液體的比重＜1，則液體會漂浮在水上。例如：油。

PS2：水在一大氣壓，$4^0 C$ 的情況下，密度為 $1000 kg/m^3$。

【範例】

若一液體的體積為 $3m^3$，質量為 $2850kg$，求（1）密度，（2）單位重量，（3）比重，並請判定該液體置於水中是否會浮在水面。

解答

一、

（1） 密度：

$$\rho = \frac{m}{V} = \frac{2850kg}{3m^3} = 950\,{}^{kg}\!/_{m^3}$$

（2） 單位重量：

$$\gamma = \rho g = 950 \times 9.81 = 9319.5\,{}^{N}\!/_{m^3}$$

（3） 比重：

$$S = \frac{\rho}{\rho_{Water;4^0 c}} = \frac{950}{1000} = 0.95[\text{無單位}]$$

二、液體的比重＜1，則該液體若置於水中會浮在水面上。

（六）壓力（P）

為單位面積上的所受到的正向力（垂直力）。

1. **壓力所使用的單位有 N/m^2 或 Pa（pascal）** **（公制）**

   psi（pound/inch^2）或 lb/ft2（pound/foot^2） **（英制）**

2. **絕對壓力與相對壓力介紹**

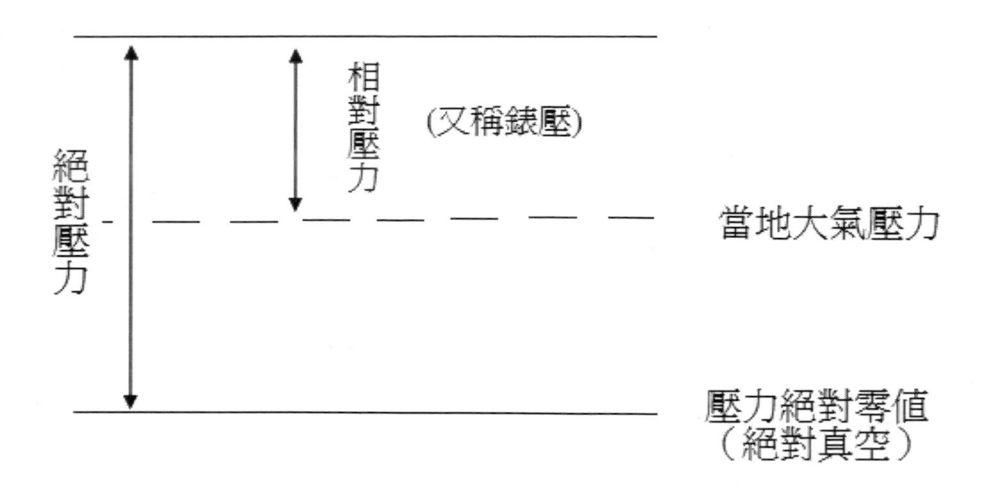

絕對壓力與相對壓力的關係圖

圖一

如圖一所示，流體壓力的量度方式有

（1） **絕對壓力：**以壓力絕對零值（絕對真空）為基準所量度的壓力。

（2） **相對壓力：**以當地（local）的大氣壓力為基準所量度的壓力。或稱錶示壓力（gage pressure）。

從上可知，絕對壓力與相對壓力之間的轉換關係為

$P_{絕對壓力} = P_{大氣壓力} + P_{錶示壓力}$

（3） **參考資料（海平面的壓力值）：**$P_0 = 1.01325 \times 10^5 N/m^2 (P_a) = 2116.2 lb/ft^2$

【範例（民航特考觀念題）】

試述絕對壓力 P_{abs} 與錶壓（ P_g 或可寫為 P_{gage} ）間的轉換關係式。

解答

$P_{abs} = P_{atm} + P_g$ ；在此 P_{atm} 為當時的大氣壓力。

PS：通常在飛行原理或空氣動力學的計算中，使用公式用的壓力都是絕對壓力，同學必須特別注意。

【範例（民航特考觀念題）】

若絕對壓力 225KPa，而當時的大氣壓力 P_{atm} 為 101KPa，試求錶示壓力 P_g 。

解答

因為 $P_{abs} = P_{atm} + P_g \Rightarrow P_g = P_{abs} - P_{atm}$ ，所以錶示壓力

$P_g = 225KPa - 101KPa = 124KPa$

【範例（民航特考觀念題）】

若大氣壓力 P_{atm} 為 98KPa，而壓力表讀數 2.25KPa，試求絕對壓力 P_{abs} 。

解答

因為 $P_{abs} = P_{atm} + P_g$ ，所以絕對壓力 $P_{abs} = 98KPa + 2.25KPa = 100.25KPa$ 。

（七）溫度（T）

用以衡量物體冷熱程度的特性參數。

1. 常用的溫度量測單位有攝氏（Celsius, °C）與華氏（Fahrenheit, °F），攝氏（Celsius, °C）與華氏（Fahrenheit, °F）的關係為°F = 9/5×°C + 32。
2. 絕對溫度與攝氏溫度和與華氏溫度的轉換關係為

Kelvin scale（K，一般不寫°K）

K = °C + 273.15

Rankine scale（°R）

°R = °F + 459.67

【範例（民航特考觀念題）】

若大氣溫度為25^0C，試轉換為華氏溫度（^0F）、凱氏溫度（K）以及朗氏溫度（^0R）。

解答

一、因為$^0F=\frac{9}{5}\times{}^0C+32$，所以華氏溫度為$\frac{9}{5}\times{}^0C+32=77^0F$

二、因為$K={}^0C+273.15$，所以凱氏溫度為$K={}^0C+273.15=298.15K$

三、因為$^0R={}^0F+459.67$，所以朗氏溫度為$^0R={}^0F+459.67=77+536.67^0R$

PS：通常在飛行原理或空氣動力學的計算中，使用公式用的溫度都是絕對溫度（也就是K與^0R），同學必須特別注意。

四、內聚力與附著力

我們在研究表面張力時，主要的著眼點在液體－液體、液體－氣體以及液體－固體間的介面，前二者是內聚力問題，而後者是附著力問題。現分述如下：

（一）內聚力

泡泡為什麼不會破，這主要是因為「內聚力」的緣故。

1. **公式：**（壓力差）×（截面積）=（表面張力係數）×（截面長度）

2. **公式推導：**

（1） **圓柱體（假設 $R << L$）：** $\Delta P \times 2RL = \gamma \times 2L \Rightarrow \Delta P = \frac{\gamma}{R}$

（2） **圓球：** $\Delta P \times \pi R^2 = \gamma \times 2\pi R \Rightarrow \Delta P = \frac{2\gamma}{R}$

（3） **泡泡（因膜有二層）：** $\Delta P \times \pi R^2 = \gamma \times 2 \times 2\pi R \Rightarrow \Delta P = \frac{4\gamma}{R}$

在此，R 為半徑，γ 為表面張力係數。

（二）附著力

1. **日常應用：毛細效應（Capillarity）**

（1） **定義：** 由於液體具有附著力，表面張力與吸引力之聯合作用會使液體在細管中上升或下降。

（2） **舉例說明：** 吸管插入水杯，水會隨著吸管上升；玻璃細管插入水銀中，水銀隨著吸管下降。

2. **毛細現象的公式推導：**

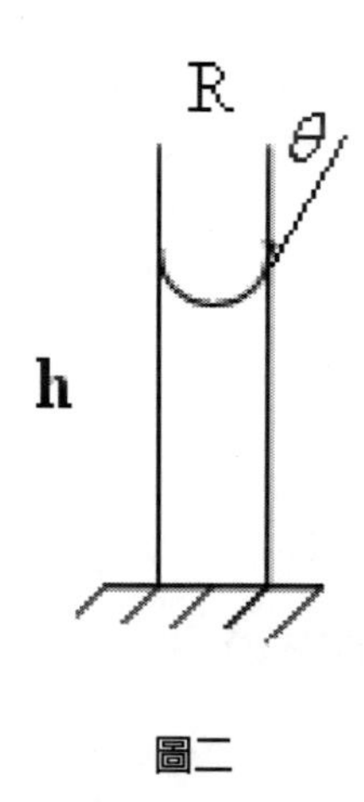

圖二

如圖二所示，因為$T\cos\theta = mg$，所以

$$\gamma \times 2\pi R \times \cos\theta = mg = \rho V g = \rho \pi R^2 h g \Rightarrow h = \frac{2\gamma \cos\theta}{\rho g R}$$

五、牛頓流體

（一）定義

在定溫及定壓下，剪應力與流體之速度梯度成正比之流體；也就是滿足牛頓黏滯定律（$\tau = \mu \dfrac{du}{dy}$）之流體，在此，$\tau$ 為剪應力，$\dfrac{du}{dy}$ 為速度梯度。

在飛行原理或空氣動力學的計算中，我們在討論飛機飛行運動時，都將空氣視為牛頓流體。在此介紹兩個物理參數。

（二）絕對黏度與運動黏度

1. **絕對黏度：**$\tau = \mu \dfrac{dV}{dy}$，$\mu$ 稱之為絕對黏度（或稱動力黏度）。

2. **運動黏度：**$\nu = \dfrac{\mu}{\rho}$，ν 即為運動黏度。

六、連續體之觀念

（一）定義

所謂連續體的觀念是假設流體的性質變化非常平滑，以致於我們可以用的方法解析流體流場的性質變化。

（二）不適用條件

非常稀薄的流體（如高空或真空）的流體不適用。

七、流線、煙線及跡線之定義

這個部份是民航特考常考的觀念題，請考生特別注意其定義。除此之外，由於各書翻譯不一，請考生必須注意中英文對照。

（一）流線（stream line）

如圖三所示，在流線的每一點的切線方向，為流體分子的速度方向。

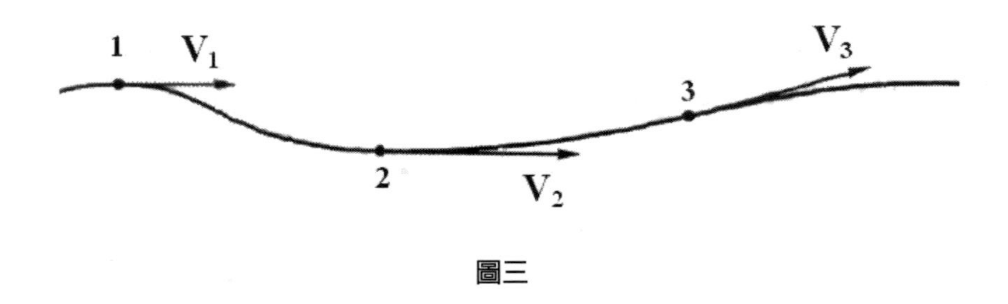

圖三

（二）煙線（streak line）

如圖四所示，流經特定位置的所有質點所形成的軌跡。

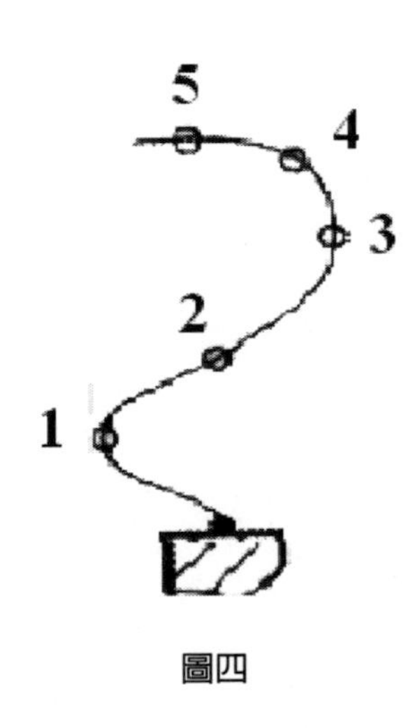

圖四

（三）跡線（path line）

如圖五所示，某一特定質點的真正軌跡。

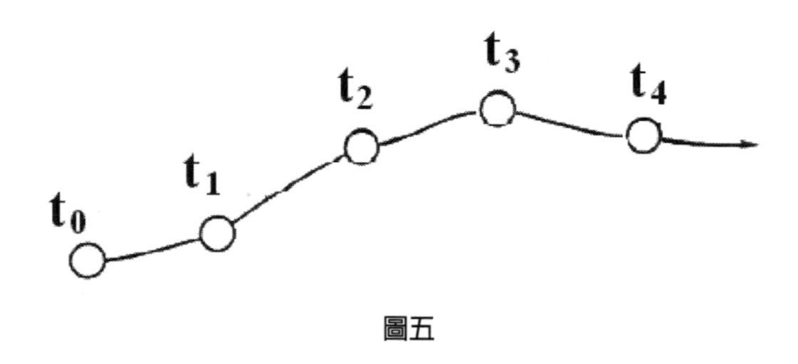

圖五

PS1：在穩流狀態下，流線（stream line）、煙線（streak line）以及跡線（path line），三者必合而為一。

PS2：由於「煙線」與「跡線」在坊間書籍與民航考題翻譯多不相同，但民航考題在此二個名詞後都會做刮弧附上英文，應試學生必須注意。

【範例（民航特考考題）】

試述流線（stream line）、煙線（streak line）及跡線（path line）之定義？試問噴射機在天空留下的飛行雲為何者？在何種狀態下此三種會相同？

解答

一、定義請看本章「七」之描述。

二、噴射機在天空留下的飛行雲為煙線。

三、在穩流狀態下三者合而為一。

【範例（民航特考考題）】

若我們觀察某一隻蒼蠅爬行的軌跡，請問所畫出的線是流線（stream line）、煙線（streak line）及跡線（path line）中的那一種？

解答

所謂跡線（path line）是指某一特定質點的真正軌跡，所以特定蒼蠅爬行的軌跡是屬於跡線。

【範例（民航特考衍生考題）】

若我們將通過某一停車場的所有車子位置畫成一條線，請問此一位置線為流線（stream line）、煙線（streak line）、跡線（path line）及時線（time line）中的那一種？

解答

所謂煙線（streak line）是指流經特定位置的所有質點所形成的軌跡線。所以此一位置是屬於煙線。

【範例（民航特考衍生考題）】

試述流線（stream line）、煙線（streak line）及跡線（path line）會合而為一？

解答

在穩流狀態下三者會合而為一。

八、常見單位轉換

項次	物理量	公制	英制	公英制轉換	其他
一	**質量**	公斤（Kg） 1Kg=1000g	斯拉格 （slug）	1slug=14.59Kg 1Kg=0.06854slug	
二	長度	公里＆公尺 1Km=1000m 1m=100cm	哩＆呎 1mile=5280ft 1ft=12in	1m=3.281ft 1ft=0.3048m	海浬或稱浬（nm）是一種用於航海或航空的長度單位。 1nm=1852m
三	速度	m/s＆km/h 1km/h = 0.2778m/s	ft/s＆mile/h（mph） 1mph= 1.467 ft/s	1 m/s =3.281 ft/s 1ft/s=0.3048 m/s	節（kt）是一個專用於航海的速率單位，後延伸至航空方面。 1kt= 1 nm/h = 0.5144 m/s =1.852km/h =1.15078mph
四	密度	Kg/m^3	$slug/ft^3$	$1slug/ft^3$= $515.2Kg/m^3$ $1Kg/m^3$=$0.001941slug/ft^3$	
五	溫度	攝氏（°C） 凱氏（K） *K = ℃ + 273.15*	華氏（°C） 朗氏（°R） *℉ = ℉ + 459.67*	°F = 9/5×°C + 32	
六	體積	公升（L） $1L=1000cm^3$ $=0.001m^3$	加侖（gal）	1gal=3.7854L	
七	力	牛頓（N）	磅（lbf）	1lbf=4.4482N 1N=0.2248lbf	
八	壓力	帕斯卡（Pa）N/m^2	lbf/ft^2	1 lbf/ft^2=47.88 Pa 1 Pa=0.02089 lbf/ft^2	
九	功 能量	焦耳（J）N.m	BTU 1BTU=778.2 lbf・ft	1 BTU=1055J 1J=0.0009486 BTU	
十	功率	瓦（w）	馬力（HP） 1HP=550 lbf・ft/sec	1HP=746w	

第二章

微積分的基本觀念

由於空氣動力學中的許多計算和證明都必須用到微積分，如果對空氣動力學所常用的微積分沒有清楚的認識，許多課程內容將無法清楚的瞭解，因此本書納入此一章節，希望對學習空氣動力學的學生有所助益。

一、常用的微積分公式表

常使用的微積分公式表		
項次／項目	微分公式	積分公式
一	$\frac{da}{dx}=0$	$\int 0dx=0$
二	$\frac{d}{dx}(ax)=a$	$\int adx=ax+c$
三	$\frac{d}{dx}x^{n}=nx^{n-1}$	$\int x^{n}dx=\frac{1}{n+1}x^{n+1}+c$
四	$\frac{d}{dx}(\frac{1}{x^{n}})=\frac{d}{dx}(x^{-n})=-nx^{-n-1}$	$\int \frac{1}{x^{n}}dx=\int x^{-n}dx=\frac{1}{-n+1}x^{-n+1}+c$
五	$\frac{d}{dx}\sin x=\cos x$	$\int \cos xdx=\sin x+c$
六	$\frac{d}{dx}\cos x=-\sin x$	$\int \sin xdx=-\cos x+c$
七	$\frac{d}{dx}\tan x=\sec^{2}x$	$\int \sec^{2}xdx=\tan x+c$
八	$\frac{d}{dx}\cot x=-\csc^{2}x$	$\int \csc^{2}xdx=-\cot x+c$
九	$\frac{d}{dx}\sec x=\sec x\cdot\tan x$	$\int \sec x\tan xdx=\sec x+c$
十	$\frac{d}{dx}\csc x=-\csc x\cdot\cot x$	$\int \csc x\cot xdx=-\csc x+c$
十一	$\frac{d}{dx}\csc x=-\csc x\cdot\cot x$	$\int \csc x\cot xdx=-\csc x+c$

十二	$\frac{d}{dx}a^{u}=a^{u}\times l_{n}a\times\frac{du}{dx}$	$\int\frac{dx}{x}=l_{n}\vert x\vert+c$
	$\frac{d}{dx}\log_{a}u=\frac{\frac{du}{dx}}{u\times l_{n}a}$	

二、公式表舉例說明

微分公式

1. $\frac{da}{dx}=0$

2. $\frac{d}{dx}(ax)=a$

   例： $\frac{d}{dx}(3x)=3$

3. $\frac{d}{dx}x^n=nx^{n-1}$

   例： $\frac{d}{dx}x^3=3x^{3-1}=3x^2$

4. $\frac{d}{dx}(\frac{1}{x^n})=\frac{d}{dx}(x^{-n})=-nx^{-n-1}$

   例： $\frac{d}{dx}(\frac{1}{x^3})=\frac{d}{dx}(x^{-3})=-3x^{-3-1}=-3x^{-4}=-\frac{3}{x^4}$

積分公式

1. $\int 0dx=0$

2. $\int adx=ax+c$

   例： $\int 3dx=3x+c$

3. $\int x^n dx=\frac{1}{n+1}x^{n+1}+c$

   例： $\int x^3 dx=\frac{1}{3+1}x^{3+1}+c=\frac{x^4}{4}+c$

4. $\int \frac{1}{x^n}dx=\int x^{-n}dx+c=\frac{1}{-n+1}x^{-n+1}+c$

   例： $\int \frac{1}{x^3}dx=\frac{1}{-3+1}x^{-3+1}+c=-\frac{1}{2x^2}+c$

三、$\frac{du}{dx}$型的微分

例： $\frac{d}{dx}(3x)^2 = 2 \cdot 3x \cdot \frac{d(3x)}{dx} = 2 \cdot 3x \cdot 3 = 18x$

比較： $\frac{d}{dx}3x^2 = 3 \times 2x = 6x$

例： $\frac{d}{dx}\sin 3x = \cos 3x \cdot \frac{d(3x)}{dx} = 3\cos 3x$

四、分部微分法

$$\frac{d}{dx}(uv) = u\frac{dv}{dx} + v\frac{du}{dx}$$

例：

$$\frac{d}{dx}(xy) = x\frac{dy}{dx} + y$$

五、分部積分法

$$\int u dv = uv - \int v du$$

例：

$$\int x d(\sin x) = x \sin x - \int \sin dx = x \sin x + \cos x + c$$

六、全微分與偏微分之差異

全微分是將其視為一體，偏微分是將不是偏微分者的變數視為常數。在民航特考，因為考試題型的關係，所以用的幾乎是偏微分的計算，因此必須特別注意。

舉例說明：

$$\frac{d}{dx}(xy) = x\frac{dy}{dx} + y\frac{dx}{dx} = x\frac{dy}{dx} + y$$

$$\frac{\partial}{\partial x}(xy) = y$$

現在我們以民航特考空氣動力學 92 年的考題為例讓同學對偏微分的觀念有更清楚的認識。舉例與運算如下：

若 $(L/D) = \frac{C_L}{C_D} = \frac{C_L}{C_{D0} + KC_L{}^2}$

則 $\frac{\partial(L/D)}{\partial C_L} = \frac{\partial}{\partial C_L}\left(\frac{C_L}{C_{D0} + KC_L{}^2}\right) = \frac{\partial}{\partial C_L}\left[C_L(C_{D0} + KC_L{}^2)^{-1}\right]$

則

$$\frac{\partial}{\partial C_L}\left[C_L(C_{D0} + KC_L{}^2)^{-1}\right] = C_L \times \frac{\partial}{\partial C_L}\left(C_{D0} + KC_L{}^2\right)^{-1} + (C_{D0} + KC_L{}^2)^{-1} \times \frac{\partial C_L}{\partial C_L}$$

$$= C_L \times \left[-\frac{2KC_L}{\left(C_{D0} + KC_L{}^2\right)^2}\right] + \left[\frac{1}{\left(C_{D0} + KC_L{}^2\right)}\right] = \frac{-2KC_L{}^2 + C_{D0} + KC_L{}^2}{\left(C_{D0} + KC_L{}^2\right)^2} = \frac{C_{D0} - KC_L{}^2}{\left(C_{D0} + KC_L{}^2\right)^2}$$

第三章

流體靜力學

流體靜力學是研究流體在靜止時所發生的狀況（性質變化），在這章的重點主要有壓力計原理、帕斯卡原理以及浮力原理，各重點說明如下：

一、靜壓理論（壓力計原理）

（一）公式

$\frac{\partial P}{\partial z} = -\rho g$ **；在此 z 的座標方向是向上。**

（二）公式推導與說明

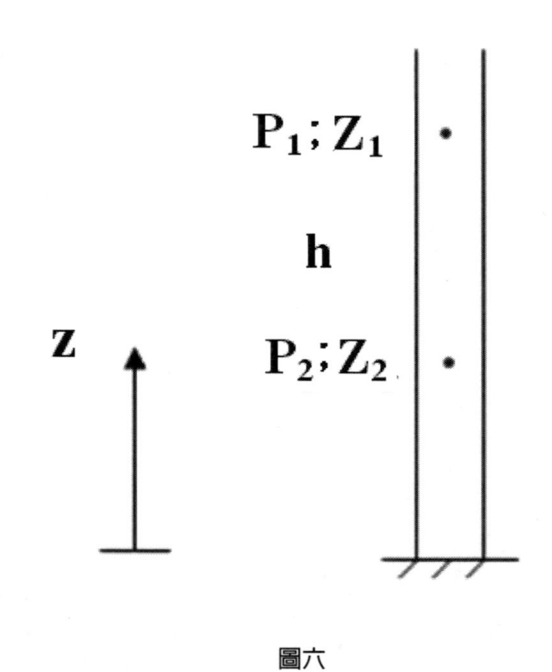

圖六

如圖六所示，因為 $\frac{\partial P}{\partial z} = -\rho g$ ，所以二邊積分可得：

$P_2 - P_1 = -\rho g(z_2 - z_1) \Rightarrow P_2 - P_1 = \rho g h$

（三）物理意義

1. 在同一流體；同一平面的各點，壓力差為 0。
2. 物體沉浸的越深，所承受的壓力越大。
3. 沉浸在流體的物體所承受的壓力，僅與沉浸流體的種類與沉浸深度有關。
4. 沉浸在流體的物體所承受的壓力與流體的密度與沉浸深度成正比。

【範例】

一個玻璃杯，直徑為 7.2cm，倒入 8cm 高的水，試計算水的表面與杯底間的壓力差

解答

因為水的密度 $\rho = 1000kg/m^3$；水深為 8cm=0.08m，所以水的表面與杯底間的壓力差為 $\Delta P = \rho gh = (1000kg/m^3)\times(9.81 m/s^2)\times(0.08m) = 785N/m^2$)。

【範例】

試論述在太空重力場為 0 時，靜態流體各點的壓力差為 0。

解答

因為靜壓理論 $\frac{\partial P}{\partial z} = -\rho g$，僅與沉浸流體的種類（流體密度）、重力加速度以及沉浸深度有關。在太空中重力加速度為 0（i.e $g = 0$），所以 $\frac{\partial P}{\partial z} = -\rho g = 0$，因此靜態流體各點的壓力差為 0。

【範例】

如圖七所示，玻璃管中裝 20cm 的水，請問在管底之絕對壓力為何？

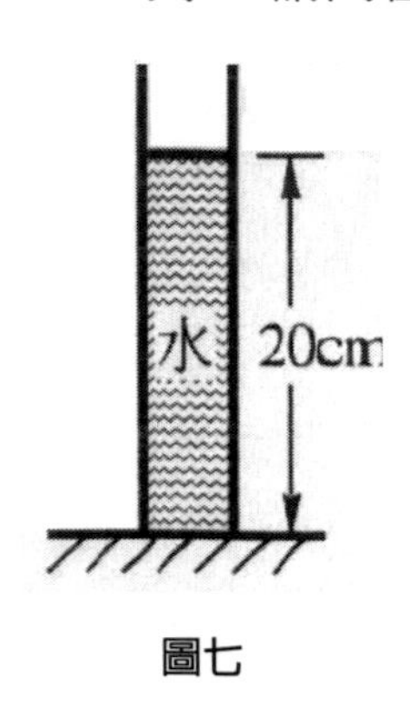

圖七

解答

一、20cm=0.2m

二、水在管底與在水面的壓力差（錶壓；P_g）為

$$\Delta P = P_2 - P_1 = \rho gh = 1000kg/m^3 \times 9.81m/s^2 \times 0.2m = 1962N/m^2 = 1.962kP_a$$

三、因為 $P_0 = 101.3kP_a$ 且 $P_{abs} = P_{atm} + P_g$，所以絕對壓力為

$$P_{abs} = 1.962kP_a + 101.3kP_a = 103.262kP_a$$

PS1：本題同學首先必須注意單位轉換。

PS2：同學在解此一題目時，必須熟悉 $P_{abs} = P_{atm} + P_g$ 的關係式。

PS3：通常在飛行原理或空氣動力學的計算中，使用公式用的壓力都是絕對壓力，同學必須特別注意。

【範例】

如圖八所示，一個深度為 8m 的圓筒，面積為$1m^2$，先後被倒入$4m^3$的水與$2m^3$的油，在此油的比重 S 為 0.8，試求 A 與 B，B 與 C，A 與 C 之間的壓力差。

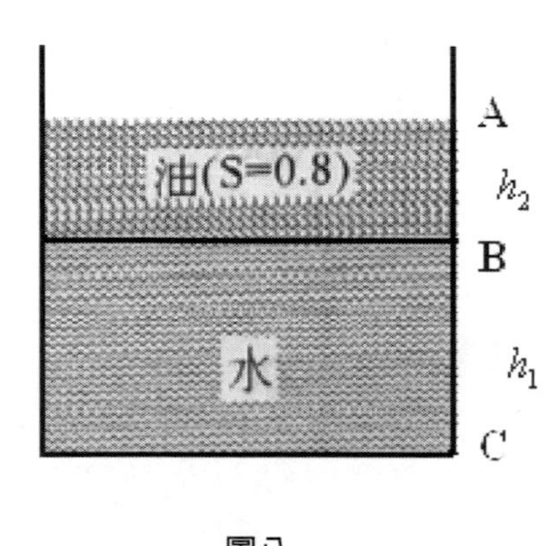

圖八

解答

（一）水在圓筒的高度h_1為$\dfrac{4m^3}{1m^2}=4m$；油在圓筒的高度h_2為$\dfrac{2m^3}{1m^2}=2m$。

（二）油的密度$\rho_{oil}=0.8\times1000kg/m^3=800kg/m^3$。

（三）A 與 B 之間的壓力差

$$P_{AB}=P_B-P_A=\rho_{oil}gh_2=800kg/m^3\times9.81m/s^2\times2m=15696P_a$$

B 與 C 之間的壓力差

$$P_{BC}=P_C-P_B=\rho_{water}gh_1=1000kg/m^3\times9.81m/s^2\times4m=39240P_a$$

A 與 C 的壓力差

$$P_{AC}=P_{AB}+P_{BC}=15696P_a+39240P_a=54936P_a$$

PS1：本題首先必須「沉浸在流體的物體所承受的壓力，僅與沉浸流體的種類與沉浸深度有關」，本題因為有油與水兩種流體，所以必須以 **B** 點為基點分別計算。

PS2：同學在解此一題目時，必須熟悉比重 **S** 的定義，而且必須牢記水的密度一般視為$1000kg/m^3$。

二、壓力量測

由於壓力是一項重要的流場參數，所以許多儀器與裝置被開發出來量測壓力，本部份只針對流體靜力學有關的壓力計（Manometer 或 Barometer）加以介紹。

（一）水銀壓力計

如圖九所示，用來量測當時的大氣壓力。

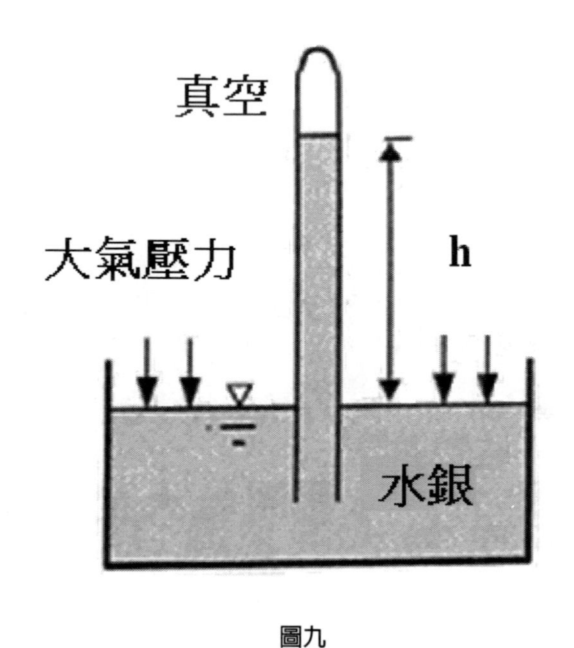

圖九

如圖九所示，水銀壓力計壓力計算公式為 $P_{atm} = \rho gh = \gamma h$ 。

PS：因為水銀的單位重量 $\gamma = 133kN/m^2$ **，所以在一標準大氣壓（** $P_0 = 101.3kP_a$ **）時，水銀柱的高度為 762mm。**

（二）U 形管壓力計（U-tube Manometer）

如圖十所示，因管成 U 形而得名，可量測密閉容器的壓力

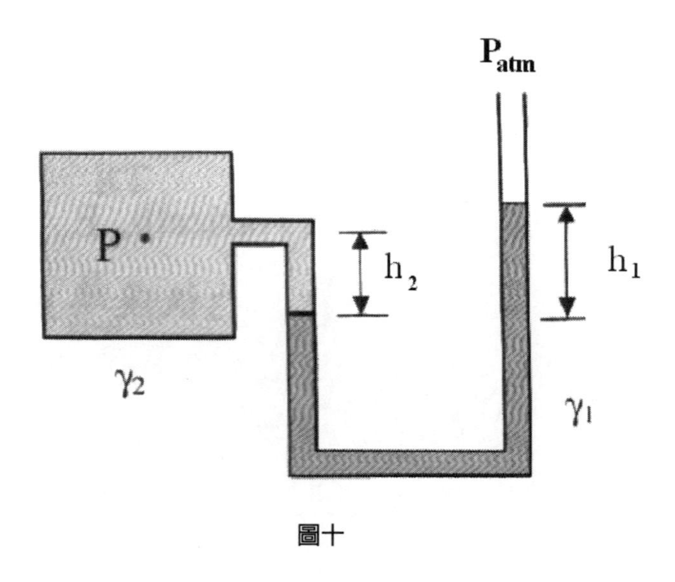

圖十

如圖十所示，密閉容器內壓力的計算公式為

$$P_{abs} = P_{atm} + \rho_1 g h_1 - \rho_2 g h_2 = P_{atm} + \gamma_1 h_1 - \gamma_2 h_2$$

若密閉容器之流體為空氣，則密閉容器內壓力的計算公式，可以化簡為

$$P_{abs} = P_{atm} + \gamma_1 h_1$$

若 U 形管右側液面的高度大於左側液面（也就是說 $h_1 > 0$），則密閉容器內的壓力大於大氣壓力；若 U 形管右側液面的高度小於左側液面（也就是說 $h_1 < 0$），則密閉容器內的壓力小於大氣壓力。由於水銀的密度較大，故常被使用來量測壓力較大的密閉容器內之壓力。

（三）測壓管

測量靜止液體或氣體的錶壓。分述如下：

1. **靜止液體的測壓管**

（1） **裝置示意圖**：如圖十一所示：

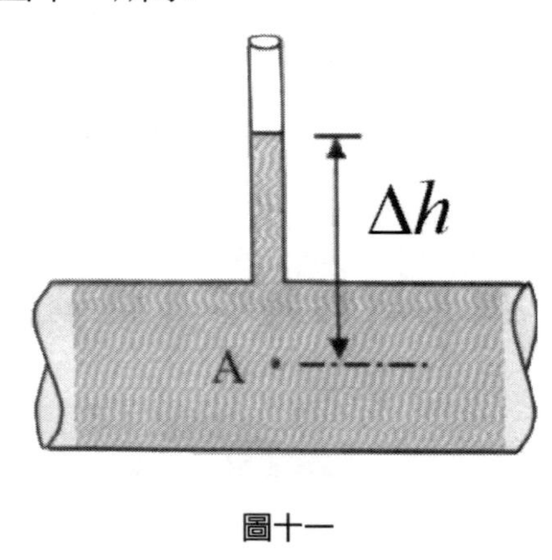

圖十一

（2） **公式：** $P = \rho g \Delta h = \gamma \Delta h$ ； $P_{abs} = P_{atm} + P$

2. **靜止氣體的測壓管（必須使用 U 形管壓力計；U-tube Manometer）**

（1） **裝置示意圖**：如圖十二所示：

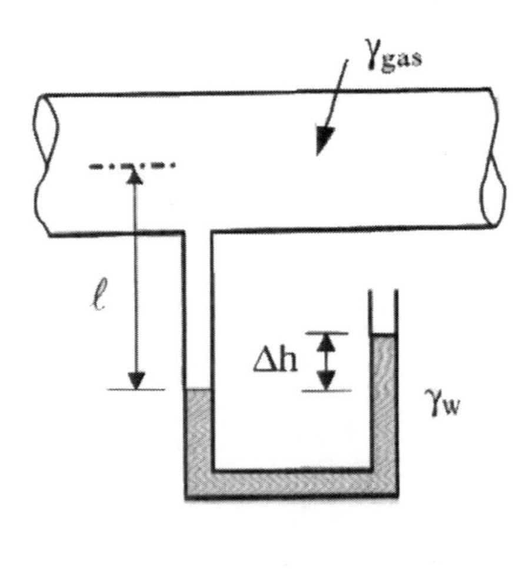

圖十二

（2） **公式：** $P_g \approx \gamma_w \Delta h$ ； $P_{abs} = P_{atm} + P_g$

三、帕斯卡原理（千斤頂&飛機液壓的原理）

（一）定義

對密閉容器施加壓力，壓力會傳遞到容器的每一個位置，且不論任何方向，壓力都相同。

（二）千斤頂的原理&飛機液壓的原理

如十三所示，F_1、F_2、A_1與A_2之關係為$\frac{F_1}{A_1}=\frac{F_2}{A_2}$，也就是說相同高程所承受的壓力是相同的，亦即$A_1$與$A_2$所承受的壓力是相同的。

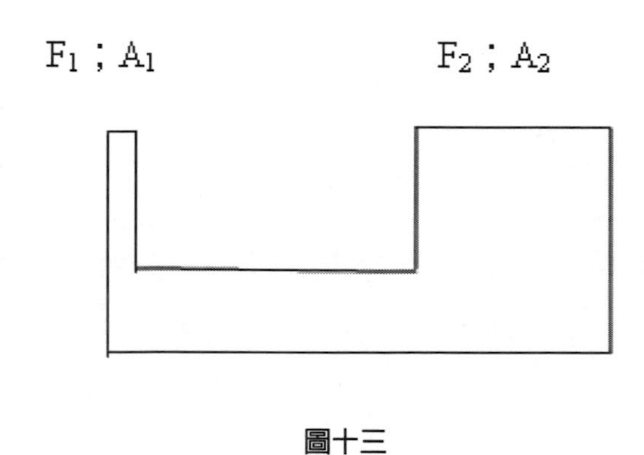

圖十三

（三）千斤頂的應用

如圖十四所示，若不考慮 B、C 點之高度差所造成的壓力Δp，F_B、F_C、A_B與A_C之關係為$\frac{F_B}{A_B}=\frac{F_C}{A_C}$，我們可以看出使用這個裝置，可以用極小的力量舉起重物。

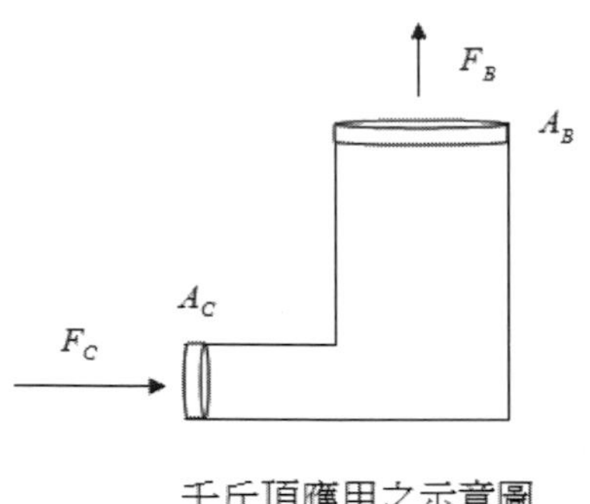

圖十四

【範例】

如圖十四所示，若不考慮 B、C 點之高度差所造成的壓力 Δp，$F_B = 1000N$ 、$A_B = 10m^2$ 、 $A_C = 1m^2$ ，試求 $F_C = ?$

解答

因為 $\dfrac{F_B}{A_B} = \dfrac{F_C}{A_C}$ ，所以 $\dfrac{F_B}{F_C} = \dfrac{A_B}{A_C} \Rightarrow F_C = F_B \times \dfrac{A_C}{A_B} = 1000N \times \dfrac{1m^2}{10m^2} = 100N$

PS：我們可以從範例中可以看出，利用圖十四的裝置，我們可用 100N 舉起 1000N 的重物，這也就是千斤頂省力的原理。

【範例】

如圖十五所示，若車子為 5000kg，需要多少的力 F 才能維持？

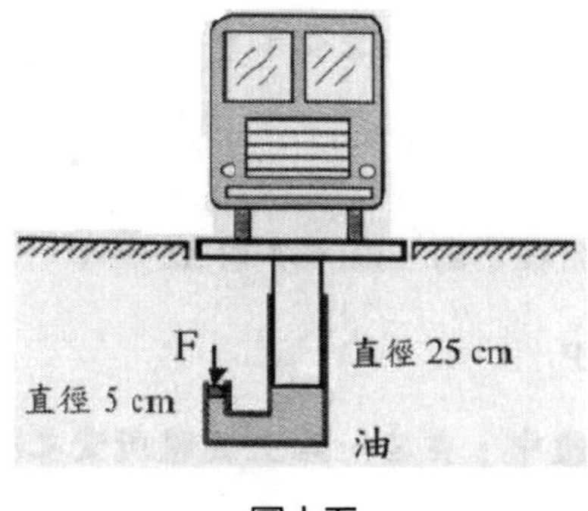

圖十五

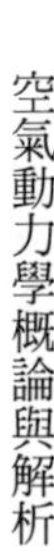

解答

車子的重量為$5000kg \times 9.81m/s^2 = 49050N$

因為帕斯卡原理$\frac{W}{25} = \frac{F}{5} \Rightarrow F = 9810N$

四、浮力原理

（一）沉體的浮力

沉浸在流體之物體所受之浮力等於物體所排開流體之重量。

（二）浮體的浮力

漂浮在流體之物體所受之浮力等於物體所排開流體之重量或浮體本身的重量。

【範例】

假設一水泥塊在空氣重量為 2000N，浸在水中（$\gamma_w = 9810 N/m^3$）重量為 1019N，試求該水泥塊的體積。

解答

一、水泥塊所受的浮力為 2000N－1019N＝981N。

二、根據浮力原理：沉浸在流體之物體所受之浮力等於物體所排開流體之重量，又因 $F_B = W_w = m_w g = \rho_w V g = \gamma_w V$ 所以水泥塊的體積為

$$V = \frac{F_B}{\gamma_w} = \frac{981N}{9810 N/m^3} = 0.1 m^3$$

【範例】

如圖十六所示，假設熱氣球氣球本身的重量可以忽略不計，且熱氣球用來加熱的氣體是空氣，試推導熱氣球的載重公式。

圖十六

解答

因為熱氣球的載重=熱氣球的浮力－熱氣球內部氣體的重量=熱氣球外部空氣的重量－熱氣球內部氣體的重量。所以熱氣球的載重公式為：

載重 $=\rho_{air,外}Vg-\rho_{air,內}Vg$

第四章

空氣動力學的基本公式

在本章將介紹一些基本空氣動力學的理論，一則加強學生原有的理工概念，以便理解後續的章節；二則是希望彌補一般學生以及文科學生的理工常識，藉以準備後續的課程及方便理解民航特考的考題，希望學生能用心學習。

一、理想氣體方程式

我們在求解飛機飛行問題時，經常使用理想氣體方程式去計算空氣壓力、溫度與密度變化的關係，我們將針對其計算公式與特性加以說明！

（一）計算公式

1. $Pv = RT$。
2. $P = \rho RT$。
3. $PV = mRT$。

在此 P、T、V、v、ρ 分別表示氣體的壓力、溫度、體積、比容與密度。

PS：理想氣體方程式所中所用的壓力與溫度都是絕對溫度與絕對壓力，一般考生多未注意，致使雖然用對公式，卻因未做轉換而造成計算錯誤。

（二）特性

$du = C_v(T)dT$ ； $dh = C_P(T)dT$ ； $C_P - C_v = R$ ； $C_P / C_v = r$ 。

在此 u、h、C_v、C_P 分別表示氣體的比內容、比熵、等容比熱以及等壓比熱。

【範例（民航特考考題）】

若室外空氣的溫度為$10^0 C$，壓力為 100kPa，$R = 287 m^2/\sec^2 K$，請問空氣密度為何？

解答

一、室外空氣的溫度為$10^0 C$，所以絕對溫度為（273.15+10）K。

二、因為$P = \rho RT \Rightarrow \rho = \dfrac{100 \times 10^3}{287 \times (273.15 + 10)} = 1.23 kg/m^3$。

PS：本題主要是告訴同學理想氣體方程式所中所用的壓力與溫度都是絕對溫度與絕對壓力，必須注意單位轉換，以免造成計算錯誤。

【範例（民航特考衍生之考題）】

一、試由$Pv = RT$，證明$P = \rho RT$。

解答

因為$\rho \equiv \dfrac{m}{V}$ & $v \equiv \dfrac{V}{m}$，我們可以得出$v = \dfrac{1}{\rho}$，所以$P = \rho RT$。

二、試由$Pv = RT$，證明$PV = mRT$。

解答

因為$v \equiv \dfrac{V}{m}$，所以$PV = mRT$。

三、試由 $P = \rho RT$ 證明 $PV = mRT$ 。

解答

因為 $\rho \equiv \dfrac{m}{V}$，所以 $PV = mRT$ 。

【範例（民航特考考題）】

試推導音速表示式 $a = \sqrt{\gamma(\dfrac{\partial P}{\partial \rho})_S}$ ，並說明在理想氣體情況下，音速僅為溫度的函數。

解答

一、因為 $a = \sqrt{\gamma(\dfrac{\partial P}{\partial \rho})_T}$ ，且因為理想氣體方程式 $P = \rho RT$ ，所以我們可得到 $a = \sqrt{rRT}$ 。

二、就音速 $a = \sqrt{rRT}$ ，γ 及 R 均為常數，所以在理想氣體情況下，音速僅為溫度的函數。

【範例（民航特考考題）】

令音速 $a = \sqrt{rRT}$ ，馬赫數 $M = \dfrac{V}{a}$ ，且 $h + \dfrac{1}{2}V^2 = h_t$ ，試證在理想氣體情況下 $\dfrac{T_t}{T} = 1 + \dfrac{r-1}{2}M^2$

解答

因為理想氣體，所以$h+\frac{1}{2}V^2=h_t \Rightarrow C_PT+\frac{1}{2}V^2=C_PT_t$，又因為$C_P=\frac{\gamma}{\gamma-1}R$，

所以$h+\frac{1}{2}V^2=h_t \Rightarrow \frac{\gamma R}{\gamma-1}T+\frac{1}{2}V^2=\frac{\gamma R}{\gamma-1}T_t$，二邊各除以$\frac{\gamma R}{\gamma-1}T$可得：

$\frac{T_t}{T}=1+\frac{\gamma-1}{2}\frac{V^2}{\gamma RT}$，因為$a=\sqrt{rRT} \Rightarrow a^2=\gamma RT$，且$M=\frac{V}{a}$所以

$\frac{T_t}{T}=1+\frac{\gamma-1}{2}\frac{V^2}{\gamma RT}=1+\frac{\gamma-1}{2}\frac{V^2}{a^2}=1+\frac{\gamma-1}{2}M^2$，故得證。

二、柏努利方程式（Bernoulli's Equation）

我們在求解飛機飛行問題時，經常使用柏努利方程式去計算空氣壓力與速度變化的關係，說明如下：

（一）存在條件（假設）

穩態、無摩擦、不可壓縮、沿同一流線。

（二）公式定義

1. **定義：**

若考慮高度的差異，柏努利方程式為

$$P_1 + \frac{1}{2}\rho V_1^2 + \rho g h_1 = P_2 + \frac{1}{2}\rho V_2^2 + \rho g h_2 = constant$$

若忽略高度的差異，則柏努利方程式可化簡為

$$P_1 + \frac{1}{2}\rho V_1^2 = P_2 + \frac{1}{2}\rho V_2^2 = constant$$

我們可將上式寫成通用公式 $P + \frac{1}{2}\rho V^2 = P_t$

2. **靜壓、動壓及全壓之定義**

（1） **靜壓**：根據柏努力方程式 $P + \frac{1}{2}\rho V^2 = P_t$，在此「P」我們稱之為靜壓，是指當時的大氣壓力。

（2） **動壓**：根據柏努力方程式 $P + \frac{1}{2}\rho V^2 = P_t$，在此「$\frac{1}{2}\rho V^2$」我們稱之為動壓，是指飛機飛行速度所產生的壓力。

（3） **全壓**：根據柏努力方程式 $P+\frac{1}{2}\rho V^2=P_t$，在此「$P_t$」我們稱之為全壓，是指靜壓與動壓的總和。

【範例（民航特考考題）】

試完整描述柏努利方程式與靜壓、動壓及全壓之定義？

解答

如上所述。

（三）應用

1. 應用柏努利方程式解釋升力產生的原理

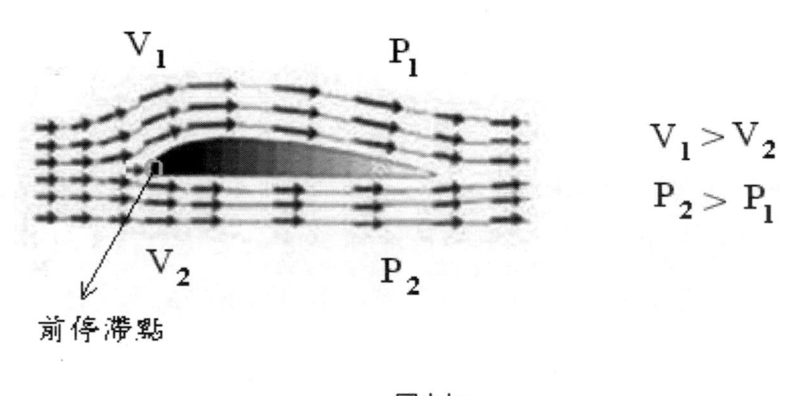

$V_1 > V_2$

$P_2 > P_1$

圖十七

如圖十七所示，空氣流過機翼表面時被一分為二，經過機翼上面的空氣流速較快，因此壓力變低，而經過下面空氣流速較慢，壓力較高（柏努力定律），因此會產生一向上的力，也就是升力。

PS1：在圖十七中，我們可以看到機翼的前緣（圓形所框部份），我們稱為前停滯點，因為空氣無法穿過機翼，在該點速度為0，壓力等於全壓。

PS2：上述說法亦可以用來解釋飛機控制面的制動原理，我們將在下一章解釋。

2. **空速計的原理**

如圖十八所示，空速計（Airspeed Indicator）是測量和顯示航空器相對周圍空氣的運動速度的儀表，其是利用柏努利方程式$P+\frac{1}{2}\rho V^2=P_t \Rightarrow V=\sqrt{\frac{2(P_t-P)}{2}}$，求出空速。

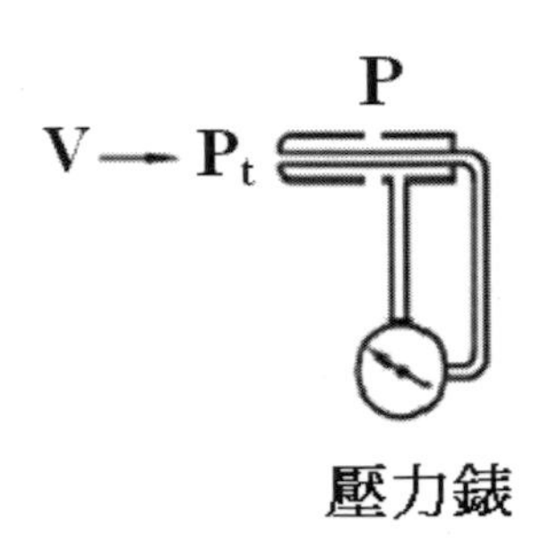

空速表原理示意圖

圖十八

PS：在民航特考的考題中，經常會問考生在可壓縮流場的情況下，是否可以使用柏努利方程式去計算空氣壓力與速度變化的關係？多數同學因為受到某些網路或補習班解題的影響，均在考試回答「不可以」，這是錯誤的，因為在飛機飛行時，「空速計的使用原理」，就是使用柏努利方程式去計算空氣壓力與速度變化的關係，只是需要針對流場的壓縮性做修正。

【範例（民航特考考題）】

試討論皮氏管（Pitot tube）作為飛機空速計的工作原理為何？以及討論其產生誤差的原因，同時如何做修正或校正以減低誤差的方法？

解答

一、其工作原理是利用柏努利原理求出速度，也就是空速

$$V=\sqrt{\frac{2(P_t-P)}{\rho}}$$

二、空速計可能造成的誤差有

（一）儀表本身所造成的誤差。

（二）由於指示空速計的速度是利用柏努利原理所求出，也就是忽略空氣可壓縮性，所以若是在高速、高海拔的條件下，還需要修正由於空氣可壓縮性所產生的誤差。

（三）一般我們所稱的空速分成指示空速（IAS，簡寫成V_I）、校準空速（CAS，簡寫成V_C）、當量空速（EAS，簡寫成V_E）以及真實空速（TAS，簡寫成V_T）四種，由其定義我們可知，空速計發生誤差的原因包含

1. 儀表誤差。
2. 位置誤差：由於安裝在飛機上一定位置的總、靜壓管處的氣流方向會隨飛機的具體型號和攻角而改變，因而影響了總、靜壓測量的準確度，導致量測空速的誤差。
3. 空氣的可壓縮性
4. 空氣密度的誤差：由於空速表的刻度盤是按照海平面標準大氣狀態標定的，隨著飛行高度改變，空氣密度也相應改變。

三、我們先修正儀錶誤差後求出指示空速（又稱錶速，V_I），再修正位置誤差求出校準空速（V_C），然後修正空氣的可壓縮性差求出當量空速（V_E），最後依據$\dfrac{V_T}{V_E}=\sqrt{\dfrac{\rho_0}{\rho}}$的關係式求出真實空速（$V_T$）。

【範例（民航特考考題）】

請寫出柏努利方程式的基本假設。

解答

穩態、無摩擦、不可壓縮、沿同一流線。

【範例（民航特考考題）】

試問世上可有流體「無黏性」？具黏性流體可否應用柏努利方程式？

解答

一、任何流體流動一定會有黏滯效應，所以「無黏性」流體是絕對不存在。

二、柏努力方程式的四項基本假設之一即是無摩擦，也就是假設：流體的黏滯性不存在，是以用其來計算流體流場壓力及速度的關係，所以會有一定程度的誤差，因此必須要加以修正後使用。

【範例（民航特考考題）】

試問可否使用柏努利方程式來解釋失速現象？

解答

飛機的失速現象如圖十九所示，飛機在低攻角的時候，升力會隨著攻角上升，但是到達臨界攻角時，機翼會產生流體分離現象，此時，升力會大幅下降，飛機將無法再繼續飛行，我們稱之為失速（Stall）。由於柏努利方程式的存在條件之一是穩態，而失速（流體分離）現象為非穩態，所以不能使用柏努利方程式來解釋失速現象。

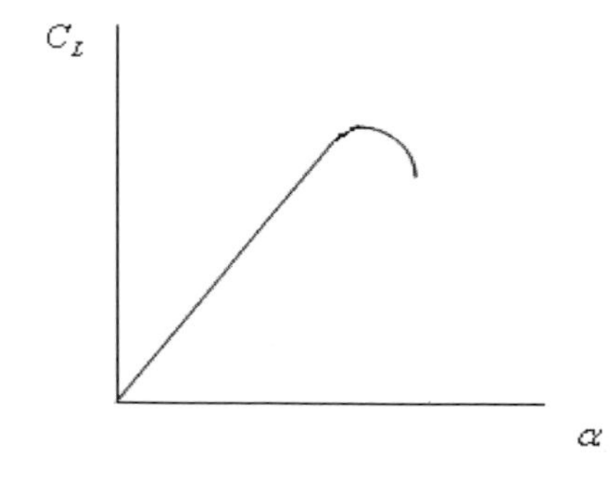

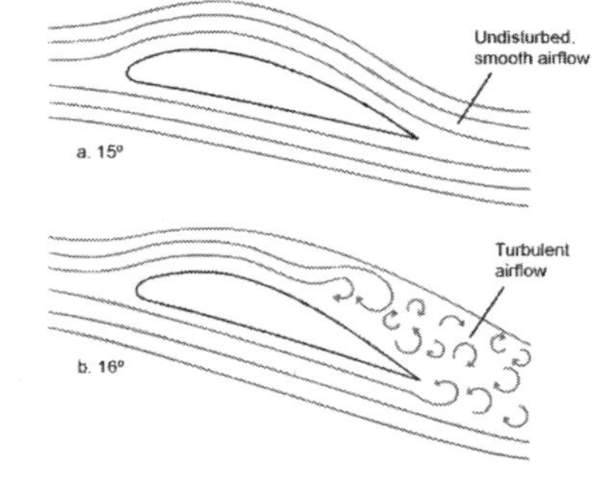

圖十九

三、音（聲）速與馬赫數

（一）音（聲）速的定義

$$a \equiv \sqrt{\left.\frac{\partial P}{\partial \rho}\right|_S} = \sqrt{r\left.\frac{\partial P}{\partial \rho}\right|_T} = \sqrt{rRT}$$

（二）馬赫數的定義

$$M_a \equiv \frac{V}{a}$$

PS：在此 V 並不是表示體積，而是指空速（飛機飛行速度）。

（三）利用馬赫數所做外部流場的分類

馬赫數是可壓縮流分析的主要參數，空氣動力學家據此將外部流場加以分類，茲分述如下：

$M_a < 0.3$　不可壓縮流，在此速度區域的流場，我們通常假設流場的密度變化可以忽略不計。

$0.3 < M_a < 0.8$　我們稱此區域的流場為次音速流，在整個流場無震波的出現。

$0.8 \le M_a < 1.2$　我們稱此區域的流場為穿音速流，震波首次出現，整個流場分成次音速流與超音速流。由於流場混合的緣故，欲在穿音速流做動力飛行，是非常困難。

$1.2 \le M_a < 6.0$　我們稱此區域的流場為超音速流，有震波出現，但在整個流場無次音速流的存在。

$M_a < 6.0$　超高音速流，震波及其他性質變化均非常強烈。

四、等熵過程及其特性

（一）存在條件（假設）

理想氣體、無摩擦、絕熱＆C_P＆C_V為常數。

（二）特性

$$\frac{P_2}{P_1}=(\frac{T_2}{T_1})^{\frac{r}{r-1}}=(\frac{\rho_2}{\rho_1})^r \text{ ; } r=1.4$$

PS：在民航特考中，我們常利用等熵過程 $\frac{T_t}{T}=1+\frac{r-1}{2}M^2$ &

$\frac{P_t}{P}=(1+\frac{r-1}{2}M^2)^{\frac{r}{r-1}}$ 此一衍生公式，來做發動機性能計算。

【範例（民航特考衍生考題）】

試問世上可有「等熵過程」？

解答

任何流體流動一定會有黏滯效應，所以只要有流體流動就一定有摩擦，只要有溫度差就一定會有熱量損失，所以不可能絕熱，因此世上沒有「等熵過程」。

【範例（民航特考衍生考題）】

試證在等熵過程情況下，$\frac{P_t}{P}=(1+\frac{r-1}{2}M^2)^{\frac{r}{r-1}}$

解答

一、因為$h+\frac{1}{2}V^2=h_t \Rightarrow C_P T+\frac{1}{2}V^2=C_P T_t$，又因為$C_P=\frac{\gamma}{\gamma-1}R$，所以

$h+\frac{1}{2}V^2=h_t \Rightarrow \frac{\gamma R}{\gamma-1}T+\frac{1}{2}V^2=\frac{\gamma R}{\gamma-1}T_t$，二邊各除以$\frac{\gamma R}{\gamma-1}T$可得：

$\frac{T_t}{T}=1+\frac{\gamma-1}{2}\frac{V^2}{\gamma RT}$，因為$a=\sqrt{rRT} \Rightarrow a^2=\gamma RT$，且$M=\frac{V}{a}$所以

$\frac{T_t}{T}=1+\frac{\gamma-1}{2}\frac{V^2}{\gamma RT}=1+\frac{\gamma-1}{2}\frac{V^2}{a^2}=1+\frac{\gamma-1}{2}M^2$。

二、因為在等熵過程$\frac{P_2}{P_1}=(\frac{T_2}{T_1})^{\frac{r}{r-1}}$且$\frac{T_t}{T}=1+\frac{\gamma-1}{2}M^2$，所以

$\frac{P_t}{P}=(1+\frac{r-1}{2}M^2)^{\frac{r}{r-1}}$，故得證。

【範例（民航特考考題）】

已知等熵可壓縮流在管道中流動，已知進口處$M_1=0.3$，截面積$A_1=0.001m^2$，壓力$P=650kPa$，$T_1=62^0C$，出口處$M_2=0.8$，試求出口速度V_2及$\frac{P_2}{P_1}$的值（設該流體為空氣）。

解答

一、解題要訣：

（一）$\frac{P_2}{P_1}=(\frac{T_2}{T_1})^{\frac{r}{r-1}}=(\frac{\rho_2}{\rho_1})^r$；$r=1.4$

（二）空氣的氣體常數 0.287KJ/Kg-k

（三）這個題目是用等熵過程來求解流體流場的性質，因此同學做此題目必須用$\frac{T_t}{T}=1+\frac{r-1}{2}M^2$；$\frac{P_t}{P}=(1+\frac{r-1}{2}M^2)^{\frac{r}{r-1}}$；$r=1.4$公式求解。

二、解答：

（一）因為$\frac{T_t}{T}=1+\frac{r-1}{2}M^2$；所以$\frac{T_2}{T_1}=\frac{\frac{T_t}{T_1}}{\frac{T_t}{T_2}}=\frac{1+\frac{r-1}{2}M_1^2}{1+\frac{r-1}{2}M_2^2}=\frac{1+0.2\times0.3^2}{1+0.2\times0.8^2}=\frac{1.018}{1.128}=0.902$

$T_2=0.902\times T_1=0.902\times(62+273)K=302.2K=29.2^0C$

因此出口處的音速$a=\sqrt{rRT}=\sqrt{1.4\times0.287\times1000\times302.2}=348m/\sec$

出口處的速度為$V_2=M_2\times a=0.8\times348=278.4m/\sec$

（二）因為$\frac{P_t}{P}=(\frac{T_t}{T})^{\frac{\gamma}{\gamma-1}}=(1+\frac{r-1}{2}M^2)^{\frac{r}{r-1}}$

$$\frac{P_2}{P_1}=\frac{\frac{P_t}{P_1}}{\frac{P_t}{P_2}}=\frac{(1+\frac{r-1}{2}M_1^2)^{\frac{r}{r-1}}}{(1+\frac{r-1}{2}M_2^2)^{\frac{r}{r-1}}}=0.902^{3.5}=0.7$$

五、雷諾數（Reynolds number）

（一）定義

$R_e \equiv \dfrac{\rho VL}{\mu} \equiv \dfrac{VL}{\upsilon}$。在此 μ 為絕對黏度（或稱動力黏度）；ν 為運動黏度；V 為速度。

（二）物理意義

雷諾數就其物理意義而言，是慣性力對黏滯力的比值。

（三）利用雷諾數所做內部流場的分類

由於 Renolds 數是影響層流（laminar flow）轉換至紊流（turbulent flow）之主要參數，現在我們依據流體流場之 Renolds 數，而將內黏滯流大致區分為：

$0 < Re < 1$	具有高黏滯性的蠕流。
$1 < Re < 100$	層流，流體之流動和 Renolds 數有強烈之關係。
$100 < Re < 1000$	層流，流體之流動可以用邊界層理論求出。
$10^3 < Re < 10^4$	轉渡區
$10^4 < Re < 10^6$	紊流，流體之流動和 Renolds 數有中度之關係。
$Re > 10^6$	紊流，流體之流動和 Renolds 數無關。

【範例（民航特考考題）】

雷諾數（Reynolds number）定義為何？又何謂臨界雷諾數（Critical Reynolds number）？

解答

一、雷諾數（Reynolds number）定義為 $R_e \equiv \frac{\rho VL}{\mu} \equiv \frac{VL}{\upsilon}$ 。

二、臨界雷諾數（Critical Reynolds number），我們可以定義管中層流（Laminar flow）與紊流（turbulent flow）的界限點。任何流體的流動，均可以臨界雷諾數來區分層流與擾流。

第五章

流體流場性質之
描述與分類

在本章將介紹流體流場性質的描述法與其簡化問題所做的假設，並介紹流體流場的加速度如何求法，說明如下：

一、基本概念

在研習本章節時必須知道系統、狀態、性質、向量以及梯度的概念，依序說明如下：

（一）系統、狀態及性質的定義

如圖二十所示，我們求解流力問題時，注意力所在之區域即稱之為系統（system），系統以外之一切事物及稱之為環境（surrounding），系統與環境是由邊界（boundary）隔開。

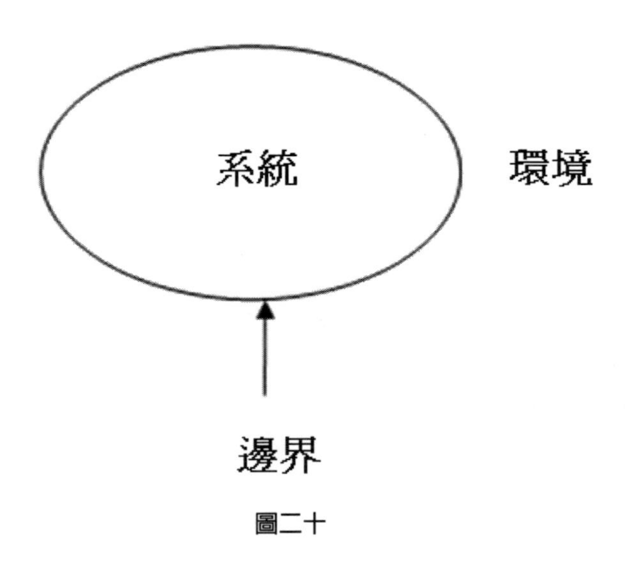

圖二十

（二）狀態的定義

系統的狀態（state）是由系統的性質加以描述用來表示系統當時所處的情況。

（三）性質

用以描述系統所處之狀態之特性或數量稱為性質（property），例如壓力（P）、溫度（T）以及密度（ρ）等。

（四）平衡狀態

系統雖然就微觀之觀點而言，系統之性質不斷改變，但就巨觀之觀點來看，系統之性質幾乎完全不變，此時系統之狀態即稱之為平衡狀態（equilibrium state）。

二、向量介紹

（一）向量表示法

$$\vec{A}=(a_1,a_2,a_3)=a_1\vec{i}+a_2\vec{j}+a_3\vec{k}$$

（二）向量的大小

$$\left|\vec{A}\right|=\sqrt{(a_1^{\ 2}+a_2^{\ 2},a_3^{\ 2})}$$

（三）向量的計算

令 $\vec{A}=(a_1,a_2,a_3)=a_1\vec{i}+a_2\vec{j}+a_3\vec{k}$ ；$\vec{B}=(b_1,b_2,b_3)=b_1\vec{i}+b_2\vec{j}+b_3\vec{k}$

1. **點積（又稱純量積）：** $\vec{A}\bullet\vec{B}=a_1b_1+a_2b_2+a_3b_3$

2. **叉積（又稱向量積）：** $\vec{A}\times\vec{B}=\begin{vmatrix}\vec{i} & \vec{j} & \vec{k}\\ a_1 & a_2 & a_3\\ b_1 & b_2 & b_3\end{vmatrix}$

三、直角座標的速度表示法

當流場的速度以一慣性 x- y- z 座標（直角座標）表示時，則流場的速度可以表示為：

$$\vec{V} = (u, v, w) = u\vec{i} + v\vec{j} + w\vec{k}$$

在此 u 、 v 、 w 分別代表著流場的速度在 x 方向、y 方向以及 z 方向的速度分量。

PS：在此 $\vec{V}$ 所代表是速度向量，是具有大小與方向的物理量，而 u 、 v 、 w 則為速度分量，它們是純量，也就是只具有大小，而沒有方向的物理量。

【範例(觀念題)】

若一流場的速度 $\vec{V} = x^2yt\,\vec{i} - y^2\,\vec{j}$ ，請問流場的速度在 x 方向、y 方向以及 z 方向的速度分量為何？

解答

因為流場的速度 $\vec{V} = x^2yt\,\vec{i} - y^2\,\vec{j}$ ，所以在 x 方向的速度分量為 x^2yt ，在 y 方向的速度分量為 $-y^2$ ，而在 z 方向的速度分量為 0。

四、梯度函數

$$\nabla = \frac{\partial}{\partial x}\vec{i} + \frac{\partial}{\partial y}\vec{j} + \frac{\partial}{\partial z}\vec{k}$$

【範例（觀念題）】

若一流場為穩態流場（steady flow），流場的速度為$\vec{V} \equiv x^2\vec{i} + y^2\vec{j}$，請問$\nabla \bullet \vec{V}$的值為何？

解答

因為$\vec{V} \equiv u\vec{i} + v\vec{j} + w\vec{k} = x^2\vec{i} + y^2\vec{j}$，所以$u = x^2$；$v = y^2$。

又因為$\nabla \bullet \vec{V} = \frac{\partial u}{\partial x} + \frac{\partial v}{\partial y} = 2x + 2y$。

五、流體流場性質之描述

流體流場性質之描述方法有兩種，分述如下：

（一）拉格蘭及恩（lagrangian）法

跟隨一固定之流體質點，觀察此質點之性質隨時間變化的情形；即 P=P（t）。

（二）歐拉瑞恩（eulerian）法

固定一個區域，觀察該區域流體流場之性質隨位置與時間變化的情形；即 P=P（x,y,z,t）。

（三）評論

由於流體流場是連續之媒介，即使是同一時間，在不同區域流體流場之性質亦不相同，所以拉格蘭及恩（lagrangian）法並不適用於巨觀流體力學，故此後流體流場性質之描述均使用歐拉瑞恩（eulerian）法。

【範例（觀念題）】

試述兩種流場描述法：歐拉瑞恩（Eulerian）及拉格蘭吉恩（Lagrangian）流場描述法，並論述何者適用於空氣動力學（巨觀流體力學）。

解答

如上所述。

【範例（觀念題）】

若流場的速度以$\vec{V} = \vec{V}(x, y, z, t)$表示，試問此流場描述法為歐拉瑞恩(Eulerian)描述法，還是拉格蘭吉恩（Lagrangian）描述法，理由為何？

解答

因為此流場的速度是以位置與時間的函數表示，所以此種流場的描述法為歐拉瑞恩描述法。

六、流體的分類

我們在求解流力問題往往受限於數學能力，所以必須設定假設來求解，當然其前題必須是所獲得的結果在容許的範圍，也就是所獲得的結果和實際狀況誤差不大的情形下才可設定此一假設，根據假設的設定我們可將流場分類如下：

（一）根據流體的壓縮性

根據流體的壓縮性，我們可將流體分為可壓縮流（compressible flow）與不可壓縮流（incompressible flow），其定義分述如下：

1. **可壓縮流：**所謂可壓縮流（compressible flow）是說流體流場的密度ρ變化不可以忽略不計。
2. **不可壓縮流：**所謂不可壓縮流（incompressible flow）則是假設流體流場的密度ρ可以忽略不計。通常在 $Ma<0.3$ 時，我們可以將流體流場視為不可壓縮流，也就是假設流場的密度變化可以忽略不計。

（二）根據流體流動時的黏滯性

根據流體流動時的黏滯性，我們可將流體分為非黏滯性流體（又稱為無摩擦性流體）與黏滯性流體（一般設成牛頓流體），所謂非黏滯性流體是假設流體流場的黏滯係數μ可以忽略不計。

（三）根據流場性質隨時間變化的情形

根據流體流動時，流場性質隨時間變化的情形，我們可將流體分為穩態流體（steady flow）與非穩態流體（unsteady flow），所謂穩態流體是假設流體流場的性質隨時間的變化可以忽略不計。

【範例（民航特考考題）】

何謂可壓縮流（compressible flow）與不可壓縮流（incompressible flow）？一般民航機在進行巡航（cruise）飛行時，其機身外面的流場是屬於那一種？試解釋說明之。

解答

一、所謂可壓縮流（compressible flow）是說流體流場的密度 ρ 變化不可以忽略不計。而不可壓縮流（incompressible flow）則是假設流體流場的密度 ρ 可忽略不計。

二、空氣動力學家根據馬赫數將飛機飛行時的外部流場加以分類，當 Ma<0.3 時，我們可以將流體流場視為不可壓縮流，也就是假設流場的密度變化可以忽略不計。一般民航機在進行巡航（cruise）飛行時，Ma 均大於 0.3（約為 0.85 左右），所以機身外面的流場是屬於可壓縮流（compressible flow）。

【範例（民航特考考題）】

一般的民航機的巡航速度約為 Ma=0.85 左右，請問可否應用柏努利方程式？

解答

由於民航機的巡航速度約為 Ma=0.85 左右，遠大於 0.3Ma，所以不可以假設為「不可壓縮流」，柏努力方程式的四項基本假設之一即是「不可壓縮」，也就是假設：流場的密度變化可以忽略不計，是以用其來計算流體流場壓力及速度的關係，所以會有一定程度的誤差，因此必須要加以修正後使用。

【範例（民航特考考題）】

試問世上可有流體「無黏性」？具黏性流體可否應用柏努利方程式？

解答

一、任何流體流動一定會有黏滯效應，所以「無黏性」流體是絕對不存在。

二、柏努力方程式的四項基本假設之一即是無摩擦，也就是假設：流體的黏滯性不存在，是以用其來計算流體流場壓力及速度的關係，所以會有一定程度的誤差，因此必須要加以修正後使用。

七、流場之加速度

（一）公式

$$\vec{a}=\frac{d\vec{V}}{dt}=\frac{\partial\vec{V}}{\partial t}+(\vec{V}\bullet\nabla)\vec{V}=\frac{\partial\vec{V}}{\partial t}+u\frac{\partial\vec{V}}{\partial x}+v\frac{\partial\vec{V}}{\partial y}+w\frac{\partial\vec{V}}{\partial z}$$

在此：$\vec{V}\equiv u\vec{i}+v\vec{j}+w\vec{k}$

$\frac{\partial\vec{V}}{\partial t}$項稱為本地加速度（local acceleration），因其與位置無關。

$(\vec{V}\bullet\nabla)\vec{V}$ 項稱為對流加速度（convective acceleration）。

（二）公式證明

因為$\vec{V}=\vec{V}(x,y,z,t)$，根據鍊鎖法則（chain rule）

$$d\vec{V}=\frac{\partial\vec{V}}{\partial t}dt+\frac{\partial\vec{V}}{\partial x}dx+\frac{\partial\vec{V}}{\partial y}dy+\frac{\partial\vec{V}}{\partial z}dz$$

所以流體之加速度

$$\vec{a}=\frac{d\vec{V}}{dt}=\frac{\partial\vec{V}}{\partial t}\frac{dt}{dt}+\frac{\partial\vec{V}}{\partial x}\frac{dx}{dt}+\frac{\partial\vec{V}}{\partial y}\frac{dy}{dt}+\frac{\partial\vec{V}}{\partial z}\frac{dz}{dt}=\frac{\partial\vec{V}}{\partial t}+u\frac{\partial\vec{V}}{\partial x}+v\frac{\partial\vec{V}}{\partial y}+w\frac{\partial\vec{V}}{\partial z}=\frac{\partial\vec{V}}{\partial t}+(\vec{V}\bullet\nabla)\vec{V}$$

【範例（民航特考衍生考題）】

若一流場為穩態流場（steady flow），請問該流體的加速度是否為 0？

解答

穩態流場是假設流體流場的性質隨時間的變化可以忽略不計，也就是 $\frac{\partial \vec{V}}{\partial t} \equiv 0$，而因為 $\vec{a} = \frac{\partial \vec{V}}{\partial t} + (\vec{V} \bullet \nabla)\vec{V}$ ；$\frac{\partial \vec{V}}{\partial t} = 0$，$(\vec{V} \bullet \nabla)\vec{V}$ 不一定為 0，所以在穩態流場中，流體的加速度不一定為 0。

【範例（民航特考衍生考題）】

若一流場為穩態流場（steady flow），流場的速度為 $\vec{V} \equiv x^2 \vec{i} + y^2 \vec{j}$，請問流場的加速度為何？

解答

因為 $\vec{V} \equiv u\vec{i} + v\vec{j} + w\vec{k} = x^2 \vec{i} + y^2 \vec{j}$，所以 $u = x^2$；$v = y^2$。

又因為 $\frac{\partial \vec{V}}{\partial t} \equiv 0$，所以流場的加速度 $\vec{a} = (\vec{V} \bullet \nabla)\vec{V} = u\frac{\partial \vec{V}}{\partial x} + v\frac{\partial \vec{V}}{\partial y}$

所以 $\vec{a} = u\frac{\partial \vec{V}}{\partial x} + \frac{\partial \vec{V}}{\partial y} = x^2(2x\vec{i}) + y^2(2y\vec{j}) = 2x^3\vec{i} + 2y^3\vec{j}$

第六章

控制體積法

我們在解決流體流場的性質問題多使用控制體積法來求解，控制體積法一般分成積分控制體積法以及微分控制體積法，二者之間的差異及如何使用，我們將在本章加以說明。

一、前言

控制體積法可分為積分控制體積法以及微分控制體積法兩種，其定義分述如下：

（一）積分控制體積法

又稱為有限（體積非無限小）分析法，因往往得到積分方程式，所以稱為積分控制體積法（integral C.V. analysis）。

（二）微分控制體積法

又稱為無限小（infinitesimal）分析法，因往往得到微分方程式，所以稱為微分控制體積法（differential C.V. analysis）。

積分控制體積法將控制體積或是系統當做一個整體來看待，所以可求出此一控制體積或是系統與外界之交互作用，例如對外界所產生之力，但對系統內部各處的細部訊息缺乏。例如無法得知系統內部個別質點的速度、壓力、溫度等訊息；反之，微分控制體積法可以將系統內部各點的訊息求出，但是卻無法得知系統對外界之影響。

二、積分控制容積法（雷諾轉換定理）

（一）目的

為了讓質點系統之性質分析轉換成控制體積之性質分析。

（二）公式

雷諾轉換定理又稱一般守恆方程式，其公式列舉與說明如下：

$$\left.\frac{dN}{dt}\right|_{S} = \left.\frac{\partial N}{\partial t}\right|_{C.V} + \iint_{C.S} n\rho \vec{V} d\vec{A}$$

在此

S：表示質點系統

C.V：表示控制體積（系統）

C.S：表示控制表面或邊界

$N \equiv \iiint n\rho dV$ ；$n \equiv \dfrac{\partial N}{\partial m}$

（三）公式所代表之物理意義

質點系統中 N 值的改變率=在控容系統中 N 值的累積率+流經控容系統表面 N 值的總流出率。

（四）常見的應用

1. 質量守恆方程式

$$\left.\frac{\partial m}{\partial t}\right|_{C.V}+\sum \dot{m}_e-\sum \dot{m}_i=0$$

在此 $\dot{m}=\rho AV=\rho Q$；$\dot{m}$、Q 分別代表質流率與體流率，而 A 代表面積，V 代表速度。

2. 質量守恆方程式的化簡

（1）**穩態流場（steady flow）**

①**公式：**$\sum \dot{m}_e-\sum \dot{m}_i=\sum \rho_e A_e V_e-\sum \rho_i A_i V_i=0$

②**證明：**

因為 $\frac{\partial}{\partial t}\equiv 0$ 且質量守恆方程式 $\left.\frac{\partial m}{\partial t}\right|_{C.V}+\sum \dot{m}_e-\sum \dot{m}_i=0$，所以可求得：$\sum \dot{m}_e-\sum \dot{m}_i=\sum \rho_e A_e V_e-\sum \rho_i A_i V_i=0$。

（2）**穩態&單一進出口之流場**

①**公式：**$\rho_e A_e V_e=\rho_i A_i V_i$

②**證明：**

因為 $\frac{\partial}{\partial t}\equiv 0$ 且質量守恆方程式 $\left.\frac{\partial m}{\partial t}\right|_{C.V}+\sum \dot{m}_e-\sum \dot{m}_i=0$，而且為單一進出口，所以可求得：$\rho_e A_e V_e-\rho_i A_i V_i=0$，故得證。

（3）**穩態&單一進出口之不可壓縮流場**

①**公式：**$A_e V_e=A_i V_i$

②**證明：**

因為穩態&單一進出口之流場之質量守恆方程式為 $\rho_e A_e V_e=\rho_i A_i V_i$，而且所謂不可壓縮流（incompressible flow）則是假設流體流場的密度 ρ 可以忽略不計，也就是假設 $\rho=constant$，故得證。

【範例（民航特考衍生考題）】

如圖二十一，假設桶內所裝液體為水，試寫出圖二十一中之控制體積（C.V.）的質量守恆方程式與其所代表之物理意義。

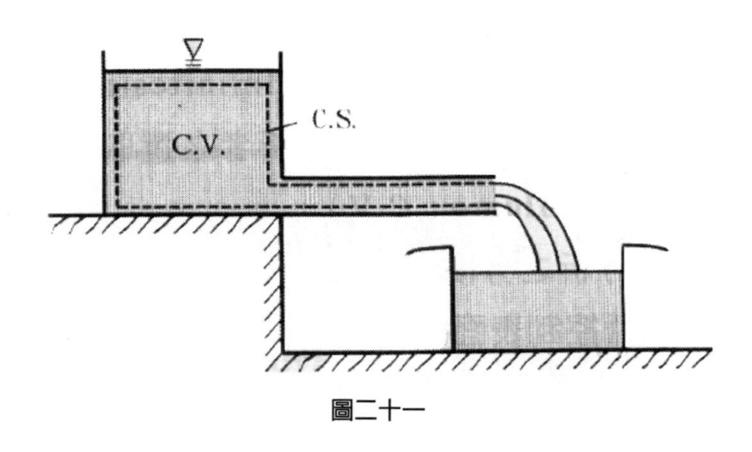

圖二十一

解答

一、我們可以從圖二十一中可以看出流體的流場是非穩態流場，所以 $\frac{\partial}{\partial t} \neq 0$。又因為只有單一出口，所以控制體積（C.V.）的質量守恆方程式為：$\left.\frac{\partial m}{\partial t}\right|_{C.V} + \dot{m}_e = 0$

二、因為質量守恆方程式 $\left.\frac{\partial m}{\partial t}\right|_{C.V} + \dot{m}_e = 0 \Rightarrow \frac{\partial m}{\partial t} = -\dot{m}_e$，從這個方程式我們可以知道控制體積（C.V.）水隨著時間減少的量是水的流出率。

【範例（民航特考衍生考題）】

如圖二十二，假設桶內所裝液體為水，桶的面積是 A，流出孔的面積是 A_1，水面的高度是 h，水流出的速度是 V，請推導出桶內水流乾的時間 t 與高度 h 和水流出速度 V 的關係式。

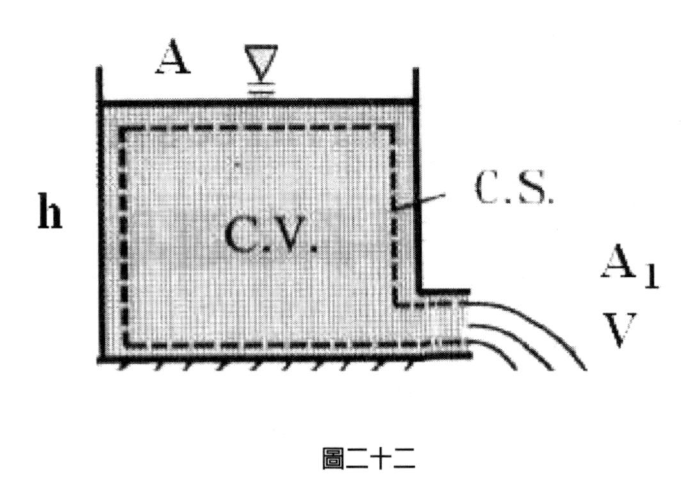

圖二十二

解答

一、因為質量守恆方程式 $\left.\frac{\partial m}{\partial t}\right|_{C.V}+\dot{m}_e=0 \Rightarrow \frac{\partial m}{\partial t}=-\dot{m}_e$。

二、桶內水的質量 $m=\rho_w Ah$，$\dot{m}_e=\rho_w A_1 V$

三、因為求桶內水流乾的時間，所以將質量守恆方程式二邊積分得：

$$-\frac{\rho_w Ah}{t}=-\rho_w A_1 V$$ 。

四、所以桶內水流乾的時間 t 與高度 h 和水流出速度 V 的關係式為：

$$t=\frac{Ah}{A_1 V}$$

【範例（民航特考考題）】

如圖二十三，假設流場為穩態流場（steady flow）試寫截面 1、2、3、4 及 5 間之質量守恆方程式。

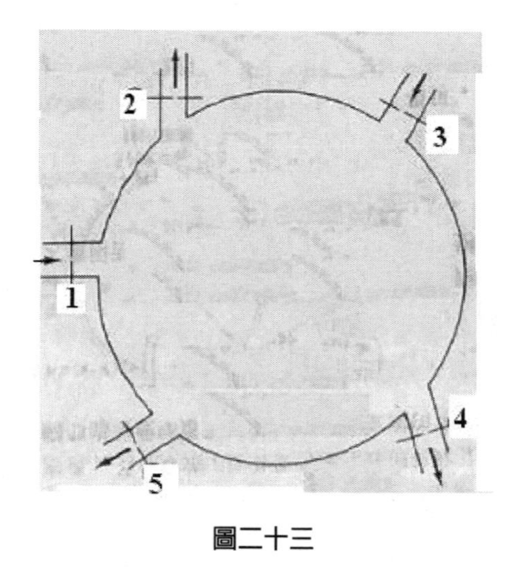

圖二十三

解答

$$\dot{m}_1+\dot{m}_3=\dot{m}_2+\dot{m}_4+\dot{m}_5$$

【範例（民航特考考題）】

試寫出圖二十四中之密度 ρ 、比容 ν 、面積 A 以及速度 V 間的關係。

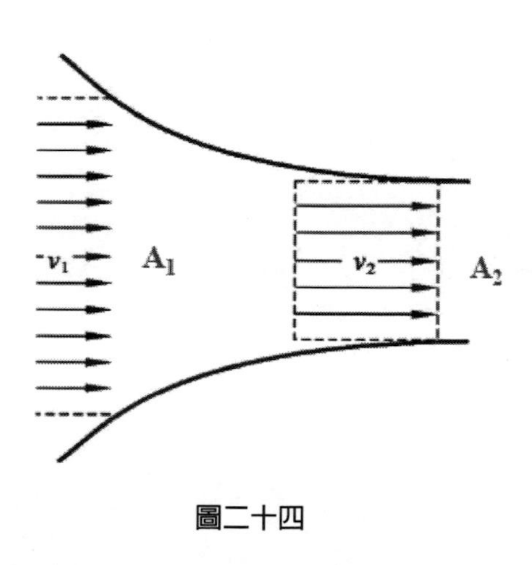

圖二十四

解答

根據質量守恆定律（流量公式），假設穩態流場（steady flow），則密度ρ、比容ν、面積 A 以及速度 V 間的關係為：

$$\dot{m}_1 = \rho_1 A_1 V_1 = \frac{A_1 V_1}{\nu_1} = \dot{m}_2 = \rho_2 A_2 V_2 = \frac{A_2 V_2}{\nu_2}$$

若流體流場為不可壓縮流，則 $A_1 V_1 = A_2 V_2$

【範例（民航特考考題）】

假若有一個低速風洞（low speed wind tunnel）的進口截面積為 A_1、空氣的壓力為 P_1、密度為 ρ_1。而風洞測試段內的截面積為 A_2、空氣壓力為 P_2，然而空氣密度保持不變，且摩擦損失亦不計。假設此風洞的進口空氣速度為 V_1，則測試段內的風速 V_2 應為多少？當有一架飛機模型置於此風洞的測試段內進行性能測試，若此模型的截面積（cross section area）約占測試段截面積的 8%，則此時測試段的風速 V_2 變為多少？

解答

一、因為 $A_1 V_1 = A_2 V_2$，所以 $V_2 = \frac{A_1 V_1}{A_2}$。

二、因為模型的截面積約占測試段截面積的 8%，所以 $A_1 V_1 = 0.92 A_2 V_2$，可得

$$V_2 = \frac{A_1 V_1}{0.92 A_2}$$ 。

3. **動量守恆方程式：**$\sum \vec{F} = \sum \dot{m}_e \vec{V}_e - \sum \dot{m}_i \vec{V}_i$

【範例（觀念題）】

如圖二十五所示，一速度$V_j = 20m/s$的水柱衝到平板，此平板以$V_c = 15m/s$的速度向右移動，若平板的截面積為$3cm^2$，假設水柱衝上平板等分為二，一為上，一為下，試求維持此平板作等速作用所需施加的力量。

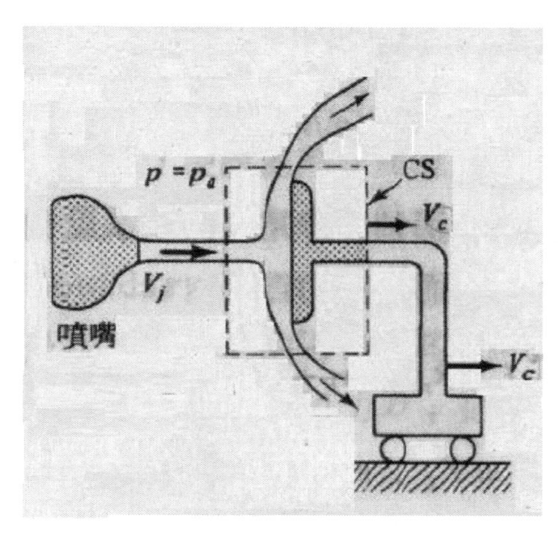

圖二十五

解答

一、如圖二十六所示，因為動量守恆方程式乃是向量方程式，所以我們必須將作用力分為 x 與 y 方向的力，也就是F_x與F_y

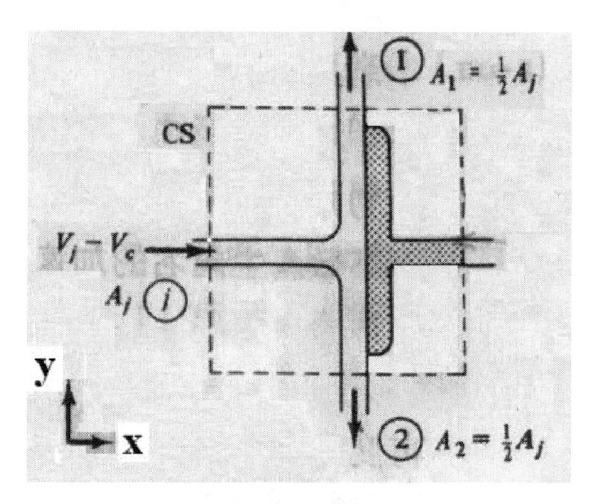

圖二十六

二、因為在 x 方向水柱衝到平板的相對速度為$V_j - V_c$

所以$F_x = -\dot{m}(V_j - V_c) = -\rho A(V_j - V_c)V_j - V_c = -\rho A(V_j - V_c)^2$

因此$F_x = -1000 kg/m^3 \times 0.0003 m^2 \times (5m/s)^2 = -7.5N$

三、因為在 y 方向是假設水柱衝上平板等分為二，一為上，一為下，所以$F_y = 0$

PS：在此同學必須注意動量守恆方程式是個向量式，速度指的是相對速度。

【範例（民航特考考題）】

試寫出渦輪噴射發動機之推力公式

解答

一、淨推力公式：$T_n = \dot{m}_a(V_j - V_a) + A_j(P_j - P_{atm})$

二、總推力公式：$T_g = \dot{m}_a(V_j) + A_j(P_j - P_{atm})$

三、公式各項所代表的意義

（一）T_n：淨推力

（二）T_g：總推力

（三）$\dot{m}_a$：空氣的質流率

（四）V_j：引擎的噴射速度

（五）V_a：空速

（六）A_j：引擎噴嘴的出口面積

（七）P_j：引擎噴嘴出口的壓力

（八）P_{atm}：周遭的大氣壓力

4. **能量守恆方程式：**

$$h_1 + \frac{1}{2}V_1^2 = C_P T_1 + \frac{1}{2}V_1^2 = h_2 + \frac{1}{2}V_2^2 = C_P T_2 + \frac{1}{2}V_2^2 = h_t = C_P T_t$$

PS：在此h**為比熵；**C_P**為等壓比熱；**T_t**為全溫。**

（五）公式整合

1. **穩態不可壓縮流的流場：**若考慮穩態不可壓縮流流場之密度 ρ 、面積 A、速度 V、壓力 P 以及溫度 T 間的關係，我們通常使用流量公式與柏努利方程式來加以計算，公式列舉如下：

（1） **流量公式：** $A_1V_1 = A_2V_2$

（2） **柏努利方程式：** $P_1 + \frac{1}{2}\rho V_1^2 = P_2 + \frac{1}{2}\rho V_2^2 = P_t$

（3） **能量守恆方程式：** $C_PT_1 + \frac{1}{2}V_1^2 = C_PT_2 + \frac{1}{2}V_2^2 = C_PT_t$

2. **穩態可壓縮流的流場：**若考慮穩態可壓縮流流場之密度 ρ 、面積 A、速度 V、壓力 P 以及溫度 T 間的關係，我們通常使用理想氣體方程式、等熵公式、流量公式與能量守恆方程式來加以計算，公式列舉如下：

（1） **理想氣體方程式：** $P = \rho RT$

（2） **等熵公式：** $\frac{P_2}{P_1} = (\frac{T_2}{T_1})^{\frac{r}{r-1}} = (\frac{\rho_2}{\rho_1})^r$ ； $r = 1.4$

（3） **流量公式：** $\rho_1 A_1 V_1 = \frac{A_1V_1}{v_1} = \dot{m}_2 = \rho_2 A_2 V_2 = \frac{A_2V_2}{v_2}$

（4） **能量守恆方程式：** $C_PT_1 + \frac{1}{2}V_1^2 = C_PT_2 + \frac{1}{2}V_2^2 = C_PT_t$

三、微分控制體積法

（一）目的

為了求解或獲得系統內部個別質點的速度、壓力、溫度及密度等性質的變化情形。

（二）常用公式

1. 質量守恆方程式（又稱連續方程式）

（1） **公式：**$\dfrac{\partial \rho}{\partial t}+\nabla \rho \vec{V}=0$

（2） **化簡**

①**穩態流場（steady flow）：**$\nabla \rho \vec{V}=0$

②**不可壓縮流場（incompressible flow）：**$\nabla \bullet \vec{V}=0$

【範例（民航特考類似考題）】

若流場的速度為$\vec{V}=x\vec{i}+y\vec{j}$，試判定此一流場是否為不可壓縮流場（incompressible flow）？

解答

因為不可壓縮流場的判定式為$\nabla \bullet \vec{V}=0$，在此$\vec{V}\equiv u\vec{i}+v\vec{j}+w\vec{k}$，所以$u=x$；$v=y$；$w=0$。而$\nabla \bullet \vec{V}=\dfrac{\partial u}{\partial x}+\dfrac{\partial v}{\partial y}+\dfrac{\partial w}{\partial z}=\dfrac{\partial x}{\partial x}+\dfrac{\partial y}{\partial y}=1+1=2\neq 0$，所以此一流場不是不可壓縮流場，而是可壓縮流場。

【範例（民航特考類似考題）】

若流場的速度為$\vec{V} = x\vec{i} - y\vec{j}$，試判定此一流場是否為不可壓縮流場（incompressible flow）？

解答

因為不可壓縮流場的判定式為$\nabla \bullet \vec{V} = 0$，在此$\vec{V} \equiv u\vec{i} + v\vec{j} + w\vec{k}$，所以$u = x$；$v = -y$；$w = 0$。而$\nabla \bullet \vec{V} = \frac{\partial u}{\partial x} + \frac{\partial v}{\partial y} + \frac{\partial w}{\partial z} = \frac{\partial (x)}{\partial x} + \frac{\partial (-y)}{\partial y} = 1 - 1 = 0$，所以此一流場是不可壓縮流場。

【範例（民航特考類似考題）】

若流場的速度為$\vec{V} = x^2 y\vec{i} - xy^2\vec{j}$，試判定此一流場是否為不可壓縮流場（incompressible flow）？

解答

因為不可壓縮流場的判定式為$\nabla \bullet \vec{V} = 0$，在此$\vec{V} \equiv u\vec{i} + v\vec{j} + w\vec{k}$，所以$u = x^2 y$；$v = -xy^2$；$w = 0$。而$\nabla \bullet \vec{V} = \frac{\partial u}{\partial x} + \frac{\partial v}{\partial y} + \frac{\partial w}{\partial z} = \frac{\partial (x^2 y)}{\partial x} + \frac{\partial (-xy^2)}{\partial y} = 2xy - 2xy = 0$，所以此一流場是不可壓縮流場。

【範例（民航特考衍生考題）】

若流場的速度為$\vec{V} = x^2 y \vec{i} + xy^2 \vec{j}$，試判定此一流場是否為不可壓縮流場（incompressible flow）？

解答

因為不可壓縮流場的判定式為$\nabla \bullet \vec{V} = 0$，在此$\vec{V} \equiv u\vec{i} + v\vec{j} + w\vec{k}$，所以$u = x^2 y$；$v = xy^2$；$w = 0$。而$\nabla \bullet \vec{V} = \frac{\partial u}{\partial x} + \frac{\partial v}{\partial y} + \frac{\partial w}{\partial z} = \frac{\partial (x^2 y)}{\partial x} + \frac{\partial (xy^2)}{\partial y} = 2xy + 2xy = 4xy \neq 0$，所以此一流場不是不可壓縮流場，而是可壓縮流場。

2. 動量守恆方程式

（1） **Naver-stoke 方程式**：假設流體為牛頓流體，則動量守恆之微分方程式為

$$\rho \frac{d\vec{V}}{dt} = \rho \vec{g} - \nabla P + \mu \nabla^2 \vec{V} = 0$$

，我們稱之為 Naver-stoke 方程式。

（2） **Euler 方程式**：假設流體為非黏性流體，則動量守恆之微分方程式為

$$\rho \frac{d\vec{V}}{dt} = \rho \vec{g} - \nabla P = 0$$

，我們稱之為 Euler 方程式。

四、邊界層效應

（一）非黏滯性流體與黏性流體

1. **非黏滯性流體（inviscid fluid）：**為一理想性的流體，也就是假設流體流場的黏滯係數μ可以忽略不計（$\mu \equiv 0$）。

   PS：所謂理想性流體是指無黏性及不可壓縮的流體（也就是假設$\mu = 0$；$\rho = constant$）。

2. **黏性流體（viscous fluid）：**為一實際流體的特性，其黏滯係數μ不為 0（一般設成牛頓流體），所以會在固體與流體的表面形成所謂的邊界層（boundary layer），如圖二十七所示。

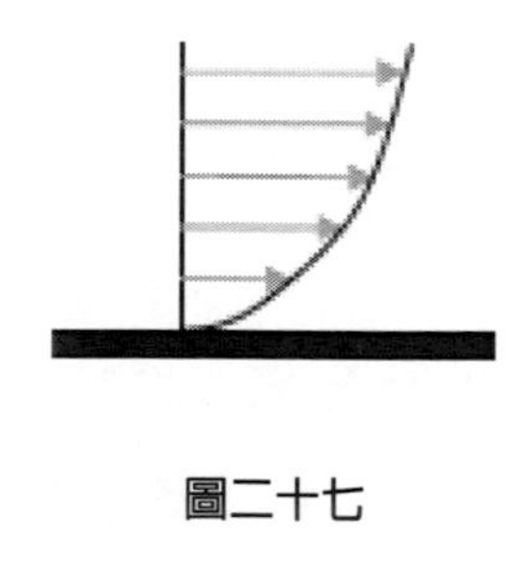

圖二十七

（二）邊界層厚度的定義

如圖二十八示意圖所示，若流體的速度為 u（y），y 為該點和固定表面的距離，而流體在不受黏滯力影響的速度為自由速度 uo，則可依下式定義邊界層厚度**（也稱作速度邊界層厚度）δ**，即速度到達 99%自由速度 uo 的位置，也就是 **u（δ）= 0.99uo**。

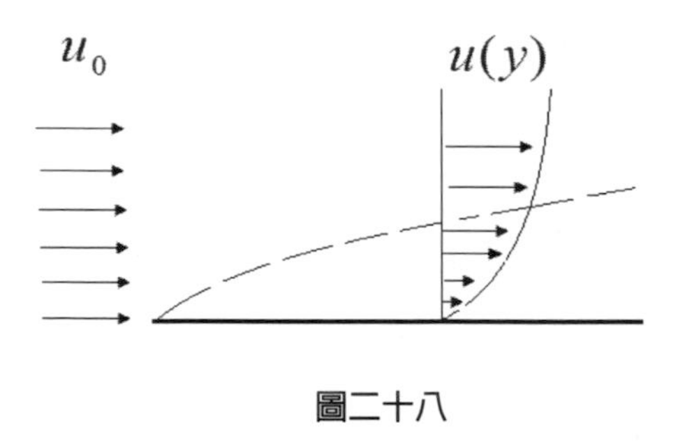

圖二十八

（三）吹除厚度 δ* 的定義

如圖二十八示意圖所示，因為邊界層效應的影響而造成外圍流線的微小位移，我們稱之為吹除厚度（displace thickness）。其公式定義如下：

$\int_0^h \rho u_0 b dy = \int_0^\delta \rho u b dy$ ；$\delta^*=\delta-h$

（四）無滑流與無溫度跳動情況

由於邊界層效應的作用，和壁面接觸的流體分子，會和壁面達到動量與能量平衡；也就是：和壁面接觸的流體分子，它的速度與溫度會和壁面相同。這就叫做無滑流與無溫度跳動情況（*no-slipping condition and no temperature jump condition*）。

【範例（民航特考考題）】

若空氣的動黏滯性（kinematic viscosity）$\upsilon = 1.5\times10^{-5} m^2/\sec$，$v = 20m/\sec$，$\frac{\partial P}{\partial x} = 0$，流過固定平板時速度分布為$\frac{u}{v} = \frac{3}{2}\frac{y}{\delta} - \frac{1}{2}(\frac{y}{\delta})^3$，試求平板端緣後$L = 0.03m$處，邊界層的厚度$\delta$。

解答

因為$u(\delta) \equiv 0.99U_0$，所以$0.99 = \frac{3}{2}\frac{0.03}{\delta} - \frac{1}{2}(\frac{0.003}{\delta})^3 \Rightarrow \delta \cong 0.045(m)$。

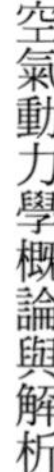

【範例（觀念題）】

假設流體流場的速度分布如圖二十九所示，試求$u(y)$為何？

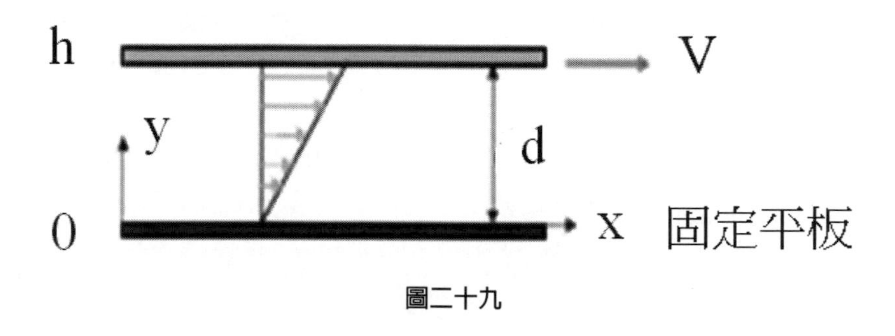

圖二十九

解答

一、如圖二十九所示，因為速度梯度$\dfrac{du}{dy}$為一常數，我們可設$u(y)=ay+b$。

二、根據無滑流情況（no-slipping condition），我們可得：

（一）$u(0)=0 \Rightarrow b=0$。

（二）$u(h)=ah+b=ah=V \Rightarrow a=\dfrac{V}{h}$。

三、所以$u(y)=\dfrac{V}{h}y$。

五、流線函數、渦（旋）度與速度勢

（一）流線函數（stream function）

1. **存在條件：**若流體流場為二維、穩態（steady flow）及不可壓縮流場（incompressible flow），則流線函數（stream function）φ 存在。

2. **判定式：**若 $\nabla \bullet \vec{V} = 0$ 則流線函數（stream function）φ 存在；若 $\nabla \bullet \vec{V} \neq 0$ 則流線函數（stream function）φ 不存在。

3. **判定式的計算：**因為 $\nabla = \frac{\partial}{\partial x}\vec{i} + \frac{\partial}{\partial y}\vec{j} + \frac{\partial}{\partial z}\vec{k}$；$\vec{V} \equiv (u, v, w) = u\vec{i} + v\vec{j} + w\vec{k}$，所以

   $\nabla \bullet \vec{V} = \frac{\partial u}{\partial x} + \frac{\partial v}{\partial y} + \frac{\partial w}{\partial z}$。

4. **利用流線函數 φ 求速度：**因為流線函數的存在條件為二維、穩態及不可壓縮流場（incompressible flow）；也就是：$\nabla \bullet \vec{V} = 0$。所以 $u = \frac{\partial \varphi}{\partial y}, v = -\frac{\partial \varphi}{\partial x}$。

【範例（民航特考考題）】

何謂流線（Streamline）及流線函數（Stream Function）？請詳述此二者之關係及其物理意義。

解答

一、流線（stream line）的意義：在流線的每一點的切線方向，為流體分子的速度方向。

二、若流場為二維、穩態及不可壓縮流場，也就是：$\nabla \bullet \vec{V} = 0$，則

$u = \frac{\partial \varphi}{\partial y}, v = -\frac{\partial \varphi}{\partial x}$，$\varphi$ 即為流線函數。

三、由上可知流場流動一定會有流線存在，而流線函數是基於二維不可壓縮流場的假設求出，二者均可藉以求出流場的速度。

【範例（民航特考類似考題）】

若一流場為穩態流場（steady flow），流場的速度為$\vec{V} \equiv x^2\vec{i} + y^2\vec{j}$，請問是否存在流線函數（stream function）φ？理由為何？

解答

一、因為$\vec{V} \equiv u\vec{i} + v\vec{j} + w\vec{k} = x^2\vec{i} + y^2\vec{j}$，所以我們可以得知：$u = x^2$；$v = y^2$。

二、由於流線函數判定式$\nabla \bullet \vec{V} = \dfrac{\partial u}{\partial x} + \dfrac{\partial v}{\partial y} = 2x + 2y \neq 0$，所以流線函數$\varphi$不存在。

【範例（民航特考考題）】

若一不可壓縮流場之速度為$u = x^2 + y^2$；$v = -2xy + 3x$，請問是否存在流線函數（stream function）φ？請問理由為何？

解答

因為$\nabla \bullet \vec{V} = \dfrac{\partial u}{\partial x} + \dfrac{\partial v}{\partial y} + \dfrac{\partial w}{\partial z} = \dfrac{\partial (x^2 + y^2)}{\partial x} + \dfrac{\partial (-2xy + 3x)}{\partial y} = 2x - 2x = 0$，且流體流場為二維及穩態流場，所以流線函數$\varphi$存在。

PS：如果同學知道流線函數的存在條件為二維不可壓縮流場，一定能猜出流線函數存在，本題的主要重點是利用「流線函數判定式」說明之。

【範例（民航特考考題）】

若流場為一個 x-y 方向的流場，請問如何由流線函數得到流場之速度向量？

解答

因為流線函數為二維不可壓縮流場，我們可以從流線函數與速度分量的關係中得到$u = \dfrac{\partial \varphi}{\partial y}, v = -\dfrac{\partial \varphi}{\partial x} \Rightarrow \vec{V} = u\vec{i} + v\vec{j} = \dfrac{\partial \varphi}{\partial y}\vec{i} + \dfrac{\partial \varphi}{\partial x}\vec{j}$。

（二）渦（旋）度（vorticity）

1. **形成原因：**一般是因為剪應力或不均勻的加熱及散熱，造成流體分子邊界速度不同，才會使流場產生渦（旋）度。
2. **公式：**$\Omega = \nabla \times \vec{V}$
3. **物理定義：**剛體旋轉的角速度等於速度渦（旋）度的 1/2。

（三）速度勢（velocity potential）

1. **存在條件：**若流體流場為二維及非旋性流場（irrotational flow），則速度勢（velocity potential）ϕ 存在。
2. **判定式：**若 $\nabla \times \vec{V} = 0$ 則速度勢（velocity potential）ϕ 存在；若 $\nabla \times \vec{V} \neq 0$ 則速度勢（velocity potential）ϕ 不存在。
3. **判定式的計算：**因為 $\nabla = \frac{\partial}{\partial x}\vec{i} + \frac{\partial}{\partial y}\vec{j} + \frac{\partial}{\partial z}\vec{k}$ ；$\vec{V} \equiv (u, v, w) = u\vec{i} + v\vec{j} + w\vec{k}$ ，所以

$$\nabla \times \vec{V} = \begin{vmatrix} \vec{i} & \vec{j} & \vec{k} \\ \frac{\partial}{\partial x} & \frac{\partial}{\partial y} & \frac{\partial}{\partial z} \\ u & v & w \end{vmatrix}$$ 。

4. **由 ϕ 求速度：**$\nabla \times \vec{V} = 0$ 則速度勢（velocity potential）ϕ 存在，我們可從 $\nabla \times (\nabla \phi) = 0$ 得知 $\vec{V} = (\nabla \phi)$ ，也就是 $u = \frac{\partial \phi}{\partial x}$ ；$v = \frac{\partial \phi}{\partial y}$ ；$w = \frac{\partial \phi}{\partial z}$ 。

【範例（民航特考考題）】

若流場之速度為$u = x^2 + y^2$；$v = -2xy + 3x$請問是否存在速度勢（velocity potential）ϕ？請問理由為何？

解答

因為$\nabla \times \vec{V} = \begin{vmatrix} \vec{i} & \vec{j} & \vec{k} \\ \frac{\partial}{\partial x} & \frac{\partial}{\partial y} & \frac{\partial}{\partial z} \\ u & v & w \end{vmatrix} \neq 0$，流體流場為旋性流場，所以速度勢（velocity potential）ϕ不存在。

【範例（民航特考衍生考題）】

若流場之速度為$u = x^2 + y^2$；$v = 2xy + 3$請問是否存在速度勢（velocity potential）ϕ？請問理由為何？

解答

因為$\nabla \times \vec{V} = \begin{vmatrix} \vec{i} & \vec{j} & \vec{k} \\ \frac{\partial}{\partial x} & \frac{\partial}{\partial y} & \frac{\partial}{\partial z} \\ u & v & w \end{vmatrix} = 0$，流體流場為非旋性流場，所以速度勢（velocity potential）ϕ存在。

【範例（民航特考衍生考題）】

若流場之速度為$u = x^2 + y^2$；$v = -2xy + 3$請問是否存在速度勢（velocity potential）ϕ？請問理由為何？

解答

因為$\nabla \times \vec{V} = \begin{vmatrix} \vec{i} & \vec{j} & \vec{k} \\ \dfrac{\partial}{\partial x} & \dfrac{\partial}{\partial y} & \dfrac{\partial}{\partial z} \\ u & v & w \end{vmatrix} \neq 0$，流體流場為旋性流場，所以速度勢（velocity potential）ϕ不存在。

【範例（民航特考考題）】

若流場為一個 x-y 方向的流場，請問如何由速度勢（velocity potential）ϕ得到流場之速度分量？

解答

$\vec{V} = \nabla\phi$，也就是$u = \dfrac{\partial \phi}{\partial x}$；$v = \dfrac{\partial \phi}{\partial y}$。

第七章

因次分析法

在本章我們將介紹因次分析法，以便學生可以將理論和實驗可以結合，並對空氣動力學的理論與現象更加的瞭解，章節內容說明如下：

一、前言

我們在研究許多流體力學與空氣動力學的問題上，常常受限於數學的解析的困難（數學能力不夠或電腦能力不足），所以必須設定假設簡化問題，所以得到的結果會和實際情況有所落差，因此用實驗來驗證是非常重要。對於實驗，若對每一項實驗都落實，則會有相當大的花費，不符合經濟效益，因此我們要做因次分析，以相似法則做為實驗和理論比對的依據。

二、產品設計流程

如圖三十示意圖所示，一般對於新的工程研發首先必須確定產品的概念，並經由理論設計與分析確認此一研發案是否可行或方向與概念是否正確，然後設計模型測試理論和實驗的差異，最後再設法使產品標準化，達到量產的目的。

確定產品的概念 ⇨ 理論設計 ⇨ 模型設計 ⇨ 原型物實地試驗 ⇨ 量產

圖三十

三、使用因次分析法的好處

使用因次分析法（Dimensional Analysis）的好處大抵可歸納為：

1. 可針對每個無因次參數討論其所相對應之空氣動力特性。
2. 可藉由縮小的模型模擬實體的情況。
3. 可用理論解析配合實驗結果推論複雜的流場變化。

四、常用的物理因次

在學習使用因次分析法之前，首先必須知道基本因次與導出因次的定義以來常用的物理量因次，說明如下：

（一）基本因次的定義

在公制單位，我們是以 M、L、T、Θ 為基本因次；而在英制單位 F、L、T、Θ 為基本因次。在此 M 是指質量、L 是指長度、T 是指時間、Θ 是指溫度、F 是指力量。一般而言，除了求解有關燃燒或化學的問題，我們都不考慮Θ（溫度）這個基本因次，也就是說在探討空氣動力學現象時，我們不考慮Θ（溫度）這個基本因次。

（二）導出因次的定義

若一般的物理量我們以基本因次表示之，則此物理量的因次，我們稱之為導出因次。

（三）常用的物理量因次表（公制）

常用的物理量因次表（公制）								
物理量	符號	因次	物理量	符號	因次	物理量	符號	因次
（1）質量	m	M	（6）速度	V	LT^{-1}	（11）應力	τ	$ML^{-1}T^{-2}$
（2）長度	l	L	（7）加速度	a	LT^{-2}	（12）密度	ρ	ML^{-3}
（3）時間	t	T	（8）力	F	MLT^{-2}	（13）功率	P	$ML^{2}T^{-3}$
（4）面積	A or S	L^{2}	（9）功或能	W or E	$ML^{2}T^{-2}$	（14）絕對黏度	μ	$ML^{-1}T^{-1}$
（5）體積	V	L^{3}	（10）壓力	p	$ML^{-1}T^{-2}$	（15）運動黏度	ν	$L^{2}T^{-1}$

五、因次的齊次性

凡能描述某一物理現象之方程式，其在因次上，必須是齊次的。也就是說，在此方程式中的每一項，因次都必須相同。這可用來作為判定一個方程式是否正確準則。

【範例（民航特考衍生考題）】

請問方程式 $P+\frac{1}{2}\rho V=P_t$ ，是否正確？理由為何？（在此 P 為壓力， ρ 為密度，V 為速度， P_t 為全壓）。

解答

因為 P 的因次為 $ML^{-1}T^{-2}$ ， $\frac{1}{2}\rho V$ 的因次為 $ML^{-3}\times LT^{-1}=ML^{-2}T^{-1}$ ，二項因次不同，故此方程式並不具備因次的齊次性，因此可判定此一方程式不正確。

六、因次分析法（π 定理）

（一）目的

使用因次分析法主要是組成無因次參數，藉以獲得模型與實體的關聯性更可針對每個無因次參數討論其所相對應之空氣動力特性，不僅可將理論與實驗結合，減少研究時人力、時間與經費的浪費。

（二）常用之無因次參數表

在學習因次分析法前，如果可以知道研究空氣動力學（或流體力學）問題所常使用的無因次參數及其所代表的物理意義，將有助於「因次分析法」的學習，因此本書將其綜整如下：

常用之無因次參數表			
項次	名稱	公式	物理意義
一	雷諾數（R_e）	$R_e \equiv \dfrac{\rho VL}{\mu} \equiv \dfrac{VL}{\upsilon}$	慣性力對黏滯力的比值。
二	馬赫數（M_a）	$M_a \equiv \dfrac{V}{a}$	空速（飛機飛行速度）對音速的比值。
三	升力係數（C_L）	$C_L \equiv \dfrac{L}{\frac{1}{2}\rho V^2 S}$	升力對慣性力的比值。
四	阻力係數（C_D）	$C_D \equiv \dfrac{D}{\frac{1}{2}\rho V^2 S}$	阻力對慣性力的比值。
五	壓力係數（C_P）	$C_P \equiv \dfrac{D}{\frac{1}{2}\rho V^2 S}$	壓力對動壓的比值。

（三）步驟

使用因次分析法的步驟可分為六大步驟，列舉如下：

1. **找出影響變數（物理量）的個數 n**
2. **列出每個物理量的因次**
3. **找出 j 個無法形成「無因次參數 π 」的個數：**通常為所列物理量之不同基本因數的數目。
4. **找出「無因次參數 π 」的個數 k：n-j=k**
5. **利用乘冪法找出無因次參數 π**
6. **無因次參數 π 為其他無因次參數的函數：**例如所求出的無因次參數為 π_1、π_2 與 π_3 ，則 π_1 、π_2 與 π_3 之間的關係為 $\pi_1 = f(\pi_2, \pi_3)$ 。

【範例（民航特考考題）】

已知密度為 ρ 之不可壓縮流體，以均勻流速 U_0 及攻角 α 流經弦長為 C 的薄平板（二維），請用因次分析法（Dimensional Analysis）求出該平板之升力 L 與上述 ρ、U_0、α 及 C 等參數間之無因次關係式。

解答

解題要訣：使用因次分析法的六大步驟求解。

1. 與題目有關的影響變數（物理量）為升力 L、密度 ρ、速度 U_0 、攻角 α 及面積 S 等 5 個變數，在此 S 為平視面積（S=bc；b 為薄平板寬度，C 為弦長）。
2. 列出每個物理量的因次：

（1） 升力 L：MLT^{-2}

（2） 密度 ρ：ML^{-3}

（3） 速度 U_0 ：LT^{-1}

（4） 面積 S：L^2

（5） 攻角 α ：無因次參數

3. **找出 j 個無法形成「無因次參數 π 」的個數**：從上可知基本因數的數為 3（M、L 及 T）。

4. **找出「無因次參數 π 」的個數**：所以「無因次參數 π 」的個數為 5-3=2。因為攻角 α 為無因次參數，所以只需要再用乘冪法找出一個無因次參數即可。

5. **利用乘冪法找出無因次參數：**

令 $\pi_1 = L\rho^a U_0^b S^c$ ； $\pi_2 = \alpha$ ，求 π_1

（1） 基本因數 M 的因次必須為 0，所以 $1 + a = 0 \Rightarrow a = -1$ 。

（2） 基本因數 L 的因次必須為 0，所以 $1 - 3a + b + 2c = 0 \Rightarrow b + 2c = -4$

（3） 基本因數 T 的因次必須為 0，所以 $-2 - b = 0 \Rightarrow b = -2 \Rightarrow c = -1$

因此 $\pi_1 = L\rho^{-1}U_0^{-2}S^{-1} = \dfrac{L}{\rho U_0^2 S}$ ；在此依據空氣動力學（或流體力學）的慣例，我們將無因次參數修正為 $\pi_1 \equiv C_L = \dfrac{L}{\frac{1}{2}\rho U_0^2 S}$ ；在此 S 為平視面積（S=bc；b 為薄平板寬度，C 為弦長）。

6. $\pi_1 \equiv f(\pi_2)$ ：因為 $\pi_1 \equiv f(\pi_2)$ ，所以 $C_L \equiv \dfrac{L}{\frac{1}{2}\rho U_0^2 S} = \dfrac{L}{\frac{1}{2}\rho U_0^2 bC} = f(\alpha)$

PS：如果同學熟悉空氣動力學（或流體力學）問題所常使用的無因次參數及其所代表的物理意義以及薄翼理論（我們將在下一章加以說明），即可輕易猜出本題答案 $C_L \equiv \dfrac{L}{\frac{1}{2}\rho U_0^2 bC} = f(\alpha)$ 。當然，由於題目指定用因次分析法求解，所以同學仍然必須依照因次分析法的六大步驟求解。

七、模型與實體的相似性

（一）相似法則

1. **目的：**主要是建立模型與實體的關聯性，若模型與原型（Protype）符合相似法則（幾何相似、運動相似以及動力相似），則利用模型所觀察到的空氣動力特性會和實體相同。
2. **定義：**

（1）**幾何相似：**幾何相似所關心的是長度因次{L}，在任何敏感之測試幾何相似都是必須的，它的定義如下：若模型和原型二者在三個座標軸上所有之對應尺寸均成相同之線性比例，則稱模型和原型成幾何相似。不僅如此，幾何相似還必須滿足模型和原型二者對應之角度必須不變，所有流動之方向必須完全對應相同；也就是說相對於環境之方位必須完全對應相同。

（2）**運動相似：**運動相似是指模型和原型二者具有相同之長度比例以及時間比例；也就是模型和原型必須具備有相同的速度比例。

（3）**動力相似：**動力相似是指模型和原型二者具有相同之長度比例、時間比例以及質量比例，也就是模型和原型必須具備有相同的力量比例。模型和原型要滿足動力相似時，幾何相似是首須的條件。若是無此條件，則一切免談。其次，除了運動相似之外，動力相似還必須具備相同之力量比例及壓力係數，也就是說：要滿足動力相似，模型和原型所有的無因次變數都必須相同。

（二）風洞

1. **功用：**如圖三十一示意圖所示，所謂風洞是一種利用模型模擬實際物體空氣動力特性的研究工具，它主要是被使用在飛機或汽車的初始設計，藉以節省研究時人力、時間與經費的浪費。

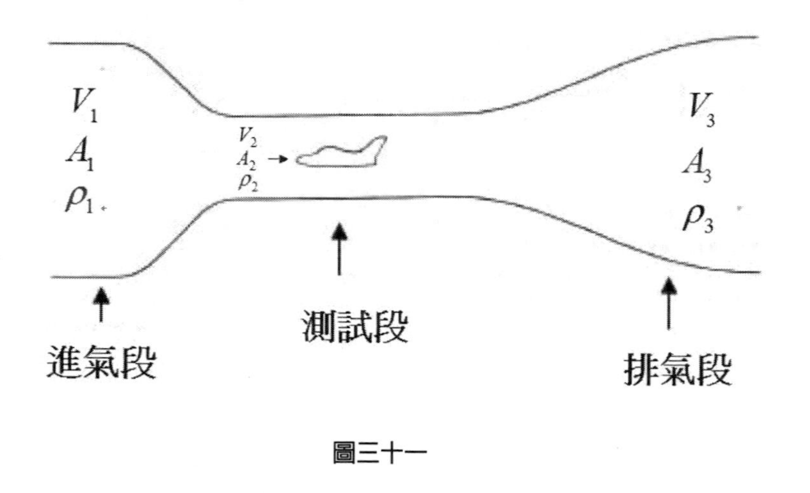

圖三十一

2. **吹試條件：**利用風洞模擬實際物體空氣動力特性，模型和真實物體（原型）二者必須符合以下條件：

（1） **幾何相似：**模型和真實物體（原型）二者間所有之對應尺寸均成相同之線性比例，也就是模型和真實物體（原型）二者之間形狀的縮小比例必須完全相同。

（2） **雷諾數相同：**模型和真實物體（原型）二者的雷諾數必須相等；也就是 $R_{e,\text{模型}} = R_{e,\text{真實物體}}$ 。

（3） **馬赫數相同：**模型和真實物體（原型）二者的雷諾數必須相等；也就 $M_{a,\text{模型}} = M_{a,\text{真實物體}}$ 。

【範例（民航特考考題）】

假若有一個低速風洞（low speed wind tunnel）的進口截面積為 A_1、空氣的壓力為 P_1、密度為 ρ_1。而風洞測試段內的截面積為 A_2、空氣壓力為 P_2，然而空氣密度保持不變，且摩擦損失亦不計。假設此風洞的進口空氣速度為 V_1，則測試段內的風速 V_2 應為多少？當有一架飛機模型置於此風洞的測試段內進行性能測試，若此模型的截面積（cross section area）約占測試段截面積的 8%，則此時測試段的風速 V_2 變為多少？

解答

一、因為 $A_1V_1 = A_2V_2$，所以 $V_2 = \dfrac{A_1V_1}{A_2}$ 。

二、因為模型的截面積約占測試段截面積的 8%，所以 $A_1V_1 = 0.92A_2V_2$，可得

$$V_2 = \frac{A_1V_1}{0.92A_2}$$ 。

第八章

機翼概論

本章主要介紹飛機構造、六個自由度的觀念、飛機控制面原理、機翼剖面的名詞定義、翼型系列命名（四位數與五位數翼型）以及相關機翼理論，說明如下：

一、飛機構造

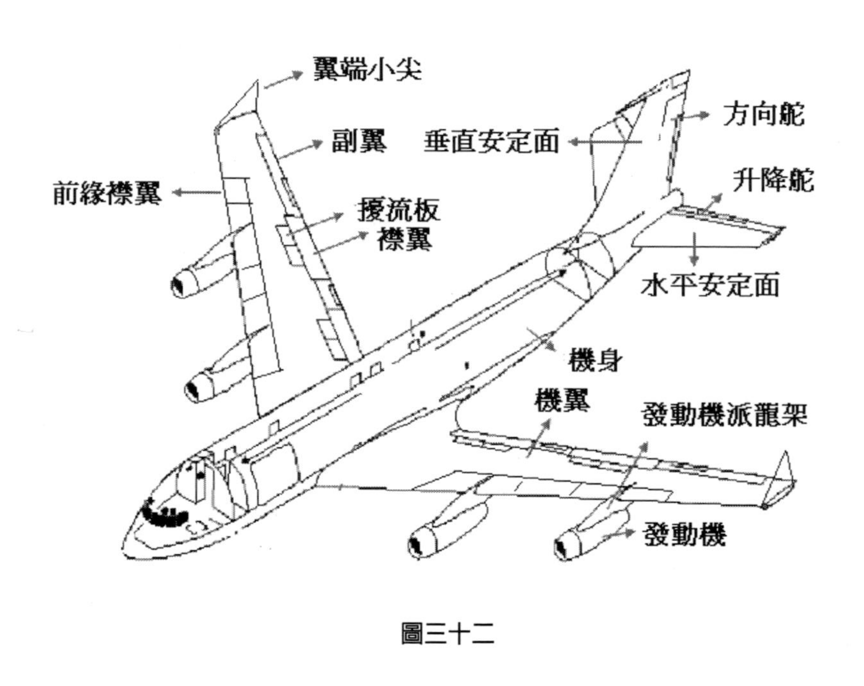

圖三十二

請參照圖三十二所示，在此我們將在空氣動力學中所常討論（民航特考常考）的飛機構造介紹如下：

（一）垂直安定面（Vertical stabilizer）

飛機的垂直安定面的作用是使飛機在偏航方向上（即飛機左轉或右轉）具有靜穩定性。

（二）水平安定面（Horizontal Stabilizer）

飛機的水平安定面的作用是使飛機在俯仰方向上（即飛機擡頭或低頭）具有靜穩定性。

（三）升降舵（Elevator）

是使機頭上下移動之控制面。

（四）方向舵（Rudder）

是使機頭左右移動之控制面。

（五）副翼（Airelon）

是使機身左右滾轉之控制面。

（六）襟翼（又稱後緣襟翼；Flap）

主要功能為增加機翼的彎度與面積使其增加升力（同時也會產生阻力），一般用於起飛時，增加升力以及下降時，增加阻力。

PS：對具有襟翼之機翼而言，襟翼放出時可使機翼面積加大，同時加大有效攻角，故升力增加，但同時阻力也一併增加了。所以如何在適當的時機將襟翼放下至正確的角度是相當重要的。例如在起飛時，襟翼最多只能放出大約全行程的三分之一到一半，以增加升力而不增加太多的阻力；但降落時則同時須增加升力與阻力以減低速度並保持足夠之升力，所以經常被放到全行程位置。

（七）前緣襟翼（leading edge slat）

正常工作時與機翼主體產生縫隙，可使機翼下表面部分空氣流經上表面，從而延遲機翼上表面流體分離現象的出現，藉以增加機翼的失速攻角（或臨界攻角），使飛機在以高攻角的情況下以高升力起飛。

（八）擾流板（Spoiler panel）

安裝在機翼上表面可被操縱打開的平板，可用於減小升力、增加阻力和增強滾轉操縱。當兩側機翼的擾流板對稱打開時，此時的作用主要是增加阻力和減小升力，從而達到減小速度、降低高度的目的，因此也被稱為減速板；而當其不對稱打開時（通常由駕駛員的滾轉操縱而引發），兩側機翼的升力隨之不對稱，使得滾轉操縱功效大幅度增加，從而加速飛機的滾轉。

（九）翼端小翼（Winglet）

設置在翼尖處，並向上翹起之平面，能透過改變翼尖附近的流場從而削減翼尖因上下表面壓力不同所產生之渦流。

【範例（民航特考考題）】

試述襟翼（Flap）的功能與原理。

解答

一、襟翼的主要功能為增加機翼面積使其增加升力（同時也會產生阻力），一般用於起飛時，增加升力；下降時，增加阻力，其主要的功能是為了減少飛機起飛與降落時滑行的距離。

二、對具有襟翼之機翼而言，在起飛時，襟翼放出時可使機翼面積加大，同時加大有效攻角，故升力增加，而在降落時，機翼面積加大，故阻力增加。

【範例（民航特考衍生考題）】

試述擾流板（Spoiler panel）的功能。

解答

擾流板（Spoiler panel）的功能主要是減小升力與增加阻力，有助於飛機降落時滑行的距離。除此之外，其還有加速飛機滾轉的功能。

二、六個自由度的觀念

如圖三十三所示，飛機是三度空間的自由體，所以有六個自由度，簡單來說就是沿三個坐標軸的移動和繞三個坐標軸的轉動。從圖三十三中，我們可以看出縱軸（Longitudinal axis）、側軸（Lateral axis）與垂直軸（Vertical axis）之定義。在飛機的運動中，所謂俯仰（Pitch）是指飛機上下移動，偏航（Yaw）是指飛機左右移動，滾轉（Roll）是指飛機的翻轉運動。

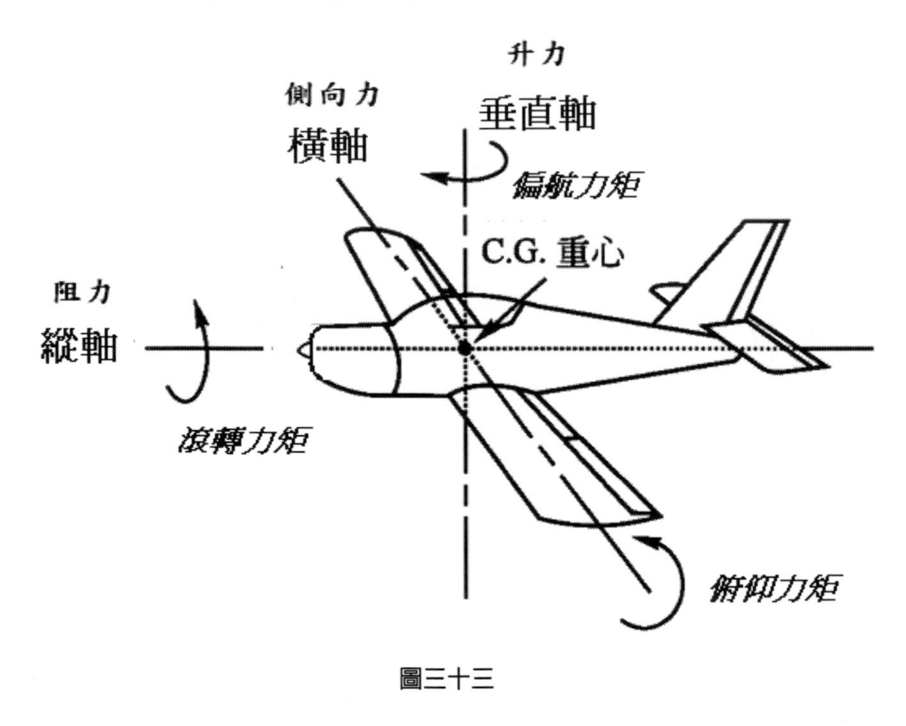

圖三十三

【範例（民航特考考題）】

就飛行力學的觀點，一架飛機要作六個自由度（degree of freedom）的穩定飛行，請問是那六個自由度？

解答

一、請先繪出圖三十三後再做說明。

二、請參考「六個自由度的觀念」內容說明之。

【範例（民航特考觀念題）】

試說明所謂俯仰（Pitch）、偏航（Yaw）以及滾轉（Roll）之意義。

解答

一、請先繪出圖三十三後再做說明。

二、所謂俯仰（Pitch）是指飛機上下移動；偏航（Yaw）是指飛機左右移動；滾轉（Roll）是指飛機的翻轉運動。

【範例（民航特考觀念題）】

試說明所謂滾轉力矩（Rolling moment）、俯仰力矩（Pitching moment）以及偏航力矩（Yawing moment）之意義。

解答

一、請先繪出圖三十三後再做說明。

二、所謂滾轉力矩（Rolling moment）是繞著縱軸（Longitudinal axis）旋轉的力矩；俯仰力矩（Pitching moment）是繞著側軸（Lateral axis）旋轉的力矩；偏航力矩（Yawing moment）是繞著垂直軸（Vertical axis）旋轉的力矩。

三、飛機控制面

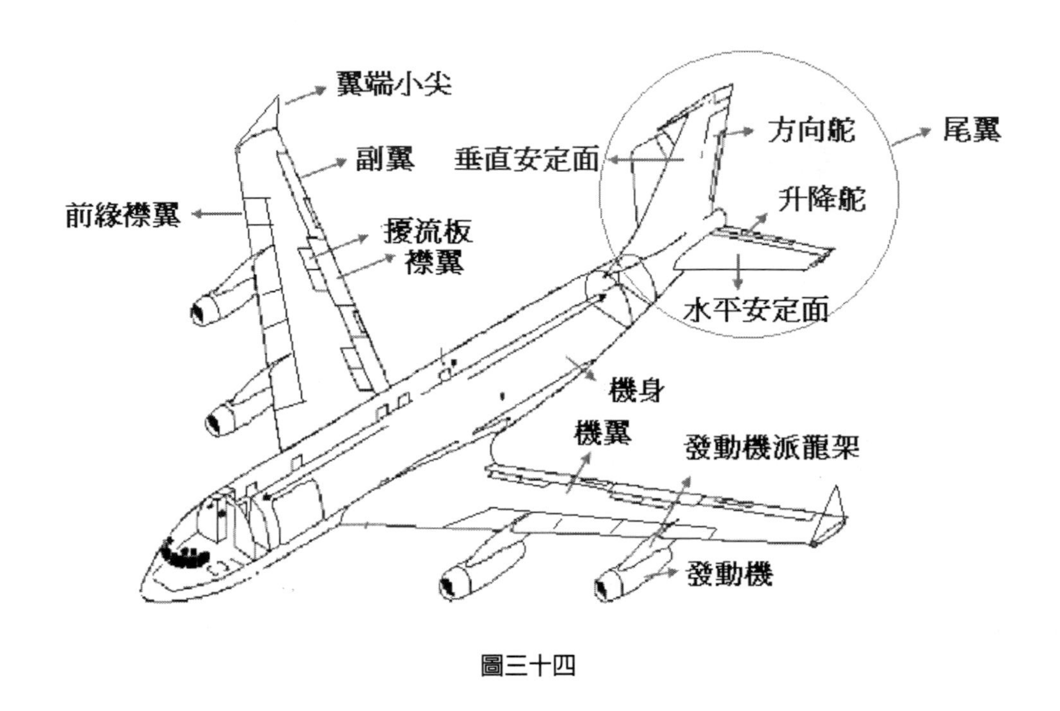

圖三十四

（一）副翼（Airelon）

如圖三十四所示，副翼是在機翼的外側，其目的是用來控制飛機的滾轉運動（Roll）。

（二）尾翼

如圖三十四所示，尾翼是用來平衡、穩定和操縱飛機飛行姿態的部件，其中方向舵（Rudder）是用來控制飛機的偏航（Yaw）運動，升降舵（Elevator）是用來控制飛機的俯仰（Pitch）運動。

由於副翼、方向舵與升降舵控制飛機飛行的運動情形，所以我們將其三者合稱為飛機的控制面。

【範例（民航特考考題）】

若飛機要作穩定控制時，其相對的控制舵面（control surfaces）分別為何？試敘述之。

PS：在此必須注意的是題目強調的是「**飛機要作穩定控制時，其相對的控制舵面（control surfaces）分別為何**」，是以並非只是單純詢問飛機的控制面，請結合「**一、飛機構造**」之內容回答。

解答

若飛機要作穩定控制時，其相對的控制舵面及功用如下：

一、垂直安定面（Vertical stabilizer）：飛機的垂直安定面的作用是使飛機在偏航方向上（即飛機左轉或右轉）具有靜穩定性。

二、水平安定面（Horizontal Stabilizer）：飛機的水平安定面就能夠使飛機在俯仰方向（即飛機擡頭或低頭）具有靜穩定性。

三、升降舵（Elevator）：是使機頭上下移動之控制面。

四、方向舵（Rudder）：是使機頭左右移動之控制面

五、副翼（Airelon）：是使機身左右滾轉之控制面。

六、襟翼（Flap）：主要功能為增加機翼面積使其增加升力（同時也會產生阻力），一般用於起飛時增加升力以及下降時增加阻力。

四、控制面的制動機制

（一）制動原理（柏努利定律）

如圖三十五所示。

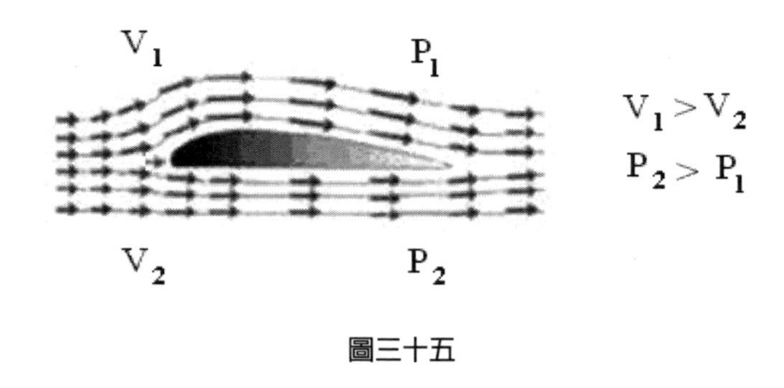

圖三十五

（二）制動情形

1. **俯仰（Pitch）運動**：當飛機欲執行俯仰（Pitch）運動時，升降舵（Elevator）必須上下移動，當飛機機頭欲向下移動，則升降舵向下擺動，使升降舵機翼上表面壓力小，下表面機翼壓力大，因此在機尾處產生一向上的力，進而達到飛機機頭欲下移動的目的。
2. **偏航（Yaw）運動**：當飛機欲執行偏航（Yaw）運動時，方向舵必須左右移動，當飛機機頭欲向左移動，則方向舵向左擺動，使方向舵機翼上表面壓力小，下表面機翼壓力大，因此在機尾處產生一向右的力，進而達到飛機機頭欲向左移動的目的。
3. **滾轉（Roll）運動**：當飛機欲執行滾轉（Roll）運動時，左右兩側的副翼是同時動作，但移動的方向是相反的，如果飛機欲向左側滾，則左側副翼上揚，右側副翼下降，使左側機翼上表面壓力大，下表面壓力小，而右側機翼上表面壓力小，下表面壓力大，因此產生一向左旋轉的力矩，而達到飛機向左滾轉的目的。

【範例（民航特考考題）】

就飛行力學的觀點，飛機的俯仰（Pitch）、偏航（Yaw）以及滾轉（Roll）運動是由飛機的那一個部份控制。

解答

一、飛機的俯仰（Pitch）運動主要是由升降舵控制。

二、飛機的偏航（Yaw）運動主要是由方向舵控制。

三、飛機的滾轉（Roll）運動主要是由副翼控制。

【範例（民航特考考題）】

試述如何利用柏努利定律解釋飛機俯仰、偏航與滾轉力矩的產生？

解答

參照上述「四、控制面的制動機制」，配合柏努利定律與升降舵（Elevator）、方向舵（Rudder）及副翼（Airelon）的功能與制動情形解釋之。

五、機翼翼葉切面之各部名詞

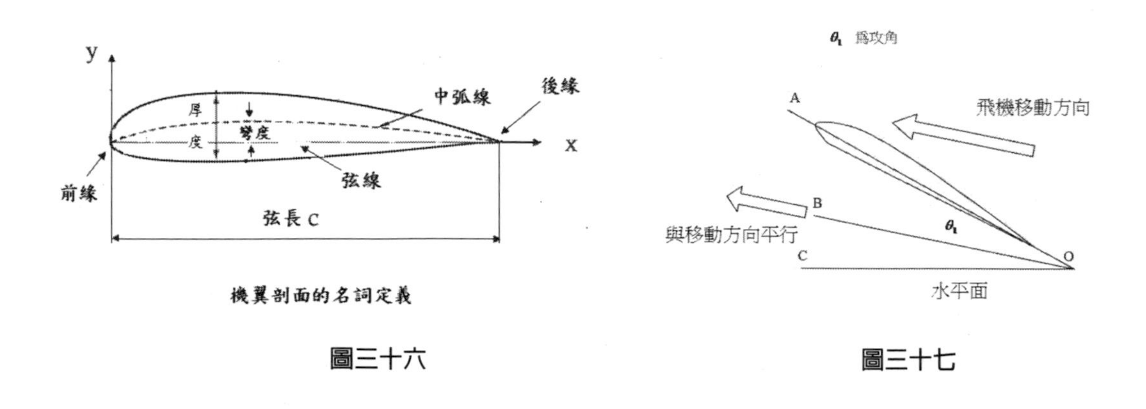

圖三十六

圖三十七

如圖三十六與圖三十七所示，機翼剖面（airfoil）各部名詞詳述如下：

（一）弦線（Chord line）

機翼前緣至後緣的連線，我們稱之為弦線；機翼前緣至後緣的距離，我們稱之為弦長（chord），一般以 c 表示。

（二）中弧線（Mean camber line）

機翼上下表面垂直線的中點所連成的線，我們稱之為中弧線。

（三）厚度（Thickness）

機翼上下表面之距離。

（四）相對厚度

機翼最大厚度與弦長的比值。

（五）彎度（Camber）

機翼中弧線最大高度與弦線之間的距離。

（六）攻角（Angle of Attack；A.O.A）

自由流與弦線的夾角。

【範例（民航特考考題）】

繪出一典型機翼剖面（airfoil），標示出“mean camber line”、“camber”、“chord line”及“chord”，並說明各名詞之定義。

解答

如上所述，惟請先繪出圖三十六機翼剖面的示意圖再做說明。

六、翼型系列命名（四位數與五位數翼型）

（一）四位數翼型之範例

NACA1315

第一個數字代表彎度，以弦長的百分比表示，camber/chord＝1%

第二位表示彎度距離前緣的位置，以弦長的 10 分數比表示，3/10

第三位與第四位數合起來是機翼的最大厚度，以弦長的百分比表示，t/c=15/100＝15%

（二）五位數翼型之範例

NACA23012

第一個數字代表彎度，以弦長的百分比表示，camber/chord＝2%

第二位與第三位數合起來是彎度距離前緣的位置，以弦長的 200 分數表示，30/200＝15%

第四位與第五位數合起來是機翼的最大厚度，以弦長的百分比表示，t/c=12/100＝12%

PS：上述所舉的兩個例子，在民航特考「飛行原理」與「空氣動力學」科目均有考過，且不止一次，希望學生加以熟記。

【範例（民航特考考題）】

請說明什麼是“NACA 2412 airfoil”？

解答

如圖三十六機翼剖面的示意圖所示，所謂 NACA 2412 的機翼即是指彎度、彎度距離前緣的位置以及最大厚度如下述比例製作而成的機翼，說明如下：

一、第一個數字代表彎度，以弦長的百分比表示，camber/chord＝2%

二、第二位表示彎度距離前緣的位置，以弦長的 10 分數比表示，4/10

三、第三位與第四位數合起來是機翼的最大厚度，以弦長的百分比表示，
t/c=12/100＝12%

七、機翼的展弦比與梯度比的定義

（一）展弦比（Aspect Ratio）之定義

翼展長度和標準平均弦長的比值，我們命名為展弦比（簡寫成 AR）。如圖三十八所示，展弦比$(AR) \equiv \dfrac{翼長}{平均弦長} \equiv \dfrac{b}{c} = \dfrac{b^2}{bc} = \dfrac{b^2}{S}$，**在此 S 是上視面積。**

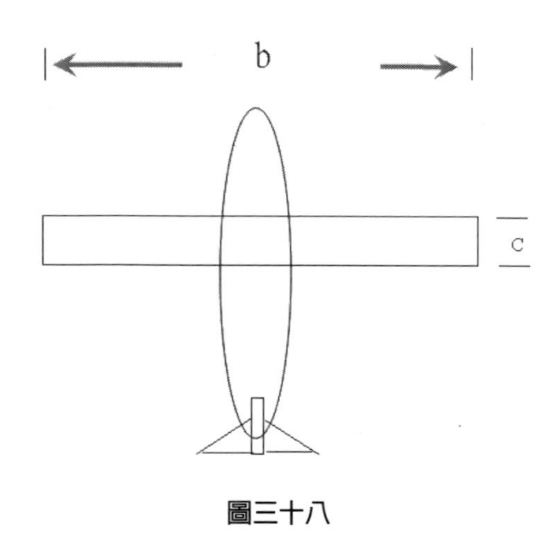

圖三十八

PS：**平均空氣動力弦長（Mean Aerodynamic Chord）之定義：**所謂弦長（chord）是指機翼前緣與後緣之間的距離，一般飛行器從翼根到翼間各個位置的翼弦長度不盡相同，在分析飛行器的性能時，通常使用其平均值，這就是平均空氣動力弦長（Mean Aerodynamic Chord）的意義。

【範例（民航特考考題）】

試述展弦比（Aspect Ratio）與平均空氣動力弦長（Mean Aerodynamic Chord）之定義。

解答

如上所述。

（二）展弦比對空氣動力特性的影響

展弦比大則升阻比大（由升力線理論環量大），所以相對可飛得遠，適合遠程飛行；除此之外，高展弦比機翼的飛機在攻角增加時，升力係數會較低展弦比機翼的飛機增加快，但不易控制，操控性能較低，亦容易過早失速，而且高展弦比機翼的飛機機翼也較易折斷。展弦比小則升阻比小（誘導阻力大），操控性能佳並適合短程，機翼也不會因為高速而折斷。

【範例（民航特考考題）】

試述展弦比對空氣動力特性的影響。

解答

如上所述。

（三）梯度比之定義

如前所述，一般飛行器從翼根到翼間各個位置的翼弦長度不盡相同，因此我們定義「梯度比」，藉以瞭解機翼的形狀，所謂梯度比之定義就是翼尖弦長與翼根弦長的比值。如圖三十九所示，梯度比$(\lambda) \equiv \frac{\text{翼尖弦長}}{\text{翼根弦長}} = \frac{b}{c}$

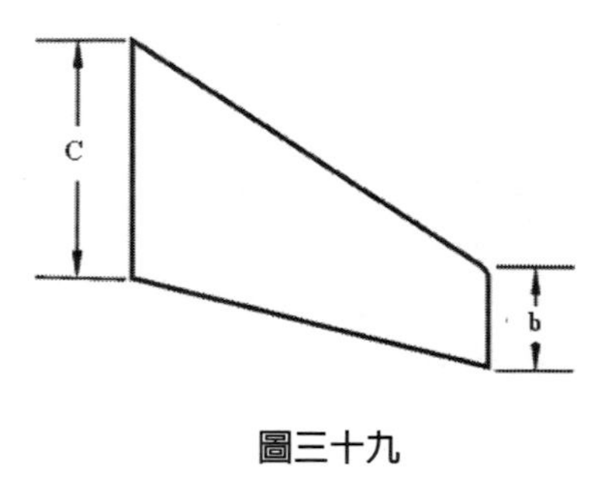

圖三十九

八、機翼理論

（一）升力、阻力與升力係數與阻力係數之間的關係式

$L=\frac{1}{2}\rho V^2 C_L S$；$D=\frac{1}{2}\rho V^2 C_D S$

在此 L、D、ρ、V、C_L、C_D、S 分別為升力、阻力、空氣密度、空氣速度、升力係數、阻力係數與機翼面積。

（二）二維機翼升力的計算（也就是無限翼展狀況下 C_L 的計算）

$C_{L,理論}=2\pi\sin(\alpha+\frac{h}{c})$，在此 α 為攻角，$\frac{h}{c}$ 為最大彎度。若為對稱機翼 $\frac{h}{c}$ 為 0。

因 α 非常小，$\sin\alpha\approx\alpha$ 所以若為對稱機翼且在無限翼展狀況下，$C_L=2\pi\alpha$，此即有名之**薄翼理論**。

PS：薄翼理論在民航特考「飛行原理」與「空氣動力學」科目均有考過，且考過不止一次，希望學生加以熟記。

【範例（民航特考觀念題）】

一、何謂二維機翼升力理論。

二、請以二維機翼升力理論說明為何對稱機翼，零升力攻角為 0，而不對稱機翼，零升力攻角為負。

解答

一、二維機翼升力理論：$C_{L,理論}=2\pi\sin(\alpha+\frac{h}{c})$，在此 C_L 為升力係數，α 為攻角，$\frac{h}{c}$ 為最大彎度。

二、

（一）對稱機翼$\frac{h}{c}=0$，若$C_L=0 \Rightarrow \sin\alpha=0 \Rightarrow \alpha=0$，所以零升力攻角為0。

（二）不對稱機翼$\frac{h}{c}\neq 0$，若$C_L=0 \Rightarrow \sin(\alpha+\frac{h}{c})=0 \Rightarrow \alpha=-\frac{h}{c}$，所以零升力攻角為負。

【範例（民航特考觀念題）】

請以薄翼理論說明升力與攻角的關係。

解答

一、薄翼理論：$C_L=2\pi\alpha$，在此C_L為升力係數，α為攻角。

二、我們可從上述公式可以看出：

（一）零升力攻角為0。

（二）在飛機失速前，升力與攻角成正比。

【範例（民航特考考題）】

請以薄翼理論試求對稱機翼在無限翼展狀況下之$\frac{dC_L}{d\alpha}$。

解答

由於薄翼理論$C_L=2\pi\alpha$，所以$\frac{dC_L}{d\alpha}=2\pi$。

（三）有限機翼理論（3D 機翼理論）

$$C_L = \frac{2\pi \sin(\alpha + \frac{2h}{c})}{1 + \frac{2}{AR}}$$

$C_D = C_{D0} + \frac{C_L^2}{\pi AR}$，在此 C_{D0} 為零升力阻力係數。

PS：有限機翼理論在民航特考「飛行原理」與「空氣動力學」科目均有考過，且考過不止一次，尤其是升力理論更是常用來說明展弦比、攻角與升力係數之定性關係，希望學生加以熟記。

【範例（民航特考考題）】

何謂展弦比（Aspect Ratio）？試說明展弦比對升力的影響。

解答

一、翼展長度和標準平均弦長的比值，我們命名為展弦比（簡寫成 AR），展弦比的定義為翼展長度平方除以翼展面積之值，若機翼為矩形翼則為翼展除以弦長。也就是展弦比 $(AR) \equiv \frac{\text{翼長}}{\text{平均弦長}} \equiv \frac{b}{c} = \frac{b^2}{bc} = \frac{b^2}{S}$，在此 S 是上視面積。

二、根據有限機翼理論 $C_L = \frac{2\pi \sin(\alpha + \frac{2h}{c})}{1 + \frac{2}{AR}}$，高展弦比機翼的飛機在攻角增加時，升力係數會較低展弦比機翼的飛機增加快。

【範例（民航特考考題）】

試論述為何高展弦比機翼的飛機在攻角增加時，升力係數會比低展弦比機翼的飛機增加快？

解答

我們可從三維機翼升力理論$C_L = \dfrac{2\pi \sin(\alpha + \frac{2h}{c})}{1 + \frac{2}{AR}}$公式看出：若是$AR$越大，$C_L$越大，所以在飛機失速前，高展弦比機翼的飛機在攻角增加時，升力係數會比低展弦比機翼的飛機增加快。

九、重心、壓力中心以及空氣動力中心

（一）定義

1. **重心（CG，Center of Gravity）**：飛機各部分重力的合力著用點，稱為飛機的重心。重力作用力點所在的位置，叫重心位置。重心具有以下特性：

（1） 飛機在飛行中，重心位置不隨姿態改變。

（2） 飛機在空中的一切運動，無論怎樣錯綜複雜，總可以將其視為隨著飛機重心移動或繞著飛機重心的轉動。

2. **壓力中心（CP, Center of Pressure）**：在翼剖面上可以找到一個位置，在此處只有升力和阻力這些空氣動力作用力（aerodynamic forces）而沒有空氣動力力矩（aerodynamic moment），這個位置就是壓力中心，換句話說，翼剖面產生的升力和阻力都作用在 CP 上。

3. **空氣動力中心（AC, Aerodynamic Center）**：一般而言，空氣動力力矩是攻角 α 的函數。但在翼剖面上有一點，會讓力矩不隨著攻角 α 而變，此點就是空氣動力中心。

（二）穩定設計

傳統飛機的穩定性設計，使飛機的空氣動力中心（或升力中心）作用於飛機的重心後面，如此的設計可使飛行攻角增大，升力增加的同時，飛機隨即產生一個「下俯」的力矩，以穩定飛行姿態避免飛機攻角持續增大，如此的設計可使當飛機飛行的攻角增大，升力增加時，有回到原來的平衡狀況的趨勢。

（三）民航機與戰機的考量

民航機的設計使使飛機的空氣動力中心（或升力中心）作用於飛機的重心後面，以保持其穩定性，而高性能的戰鬥機通常設計成靜態不穩定的狀態， 也就是空氣動力中心在前，重心在後。它的優點是操縱靈敏，缺點是難以控制。

PS：空氣動力中心為一不受攻角影響之位置，當為次音速時，其為 1/4 翼表面位置，超音速時，為 1/2 翼表面位置。

【範例（民航特考考題）】

試說明壓力中心以及空氣動力中心的定義。

解答

請參照「重心、壓力中心以及空氣動力中心」內容說明之。

【範例（民航特考考題）】

試說明當次音速與超音速時空氣動力中心在機翼的位置。

解答

空氣動力中心為一不受攻角影響之位置，當在次音速時，空氣動力中心在 1/4 翼表面的位置，當在超音速時，空氣動力中心在 1/2 翼表面的位置。

第九章

飛行速度區域

本章主要使同學瞭解飛機在不同速度區域的特性，特別是次音速與超音速的分界與特性，讓同學對民航機的特性能更加瞭解，說明如下：

一、音（聲）速

（一）定義

所謂音速是指聲音傳播的速度，其定義為 $a \equiv \sqrt{\left.\frac{\partial P}{\partial \rho}\right|_S} = \sqrt{r\left.\frac{\partial P}{\partial \rho}\right|_T}$ 。

（二）公式

$a = \sqrt{rRT}$ ，在此 1. $\gamma = 1.4$ ；2.空氣氣體常數 $R = 287\, m^2/\sec^2 K$

從公式中，我們可以看出音（聲）速與溫度的次方成正比，由於高度越高，溫度越低，所以音速也就越慢。

（三）公式證明

因為 $P = \rho RT \Rightarrow \left.\frac{\partial P}{\partial \rho}\right|_T = RT$ ，所以 $a \equiv \sqrt{r\left.\frac{\partial P}{\partial \rho}\right|_T} = \sqrt{rRT}$ ，故得證。

（四）常用的音（聲）速值

1. **地面零點時**：340.294 公尺／秒＝1225 公里／時＝1 音速。
2. **一萬公尺高時**：296.394 公尺／秒=1067 公里／時＝1 音速。在此一萬公尺高是民航機慣用的巡航高度。從上述資料中，我們可知：音（聲）速值會隨著高度的增加而變慢。

【範例（民航特考考題）】

試述音（聲）速的定義。

解答

所謂音速是指聲音傳播的速度，其公式定義為 $a \equiv \sqrt{rRT}$ 。

試證明音（聲）速 $a = \sqrt{rRT}$ 。

解答

因為音（聲）速定義 $a \equiv \sqrt{\left.\frac{\partial P}{\partial \rho}\right|_S} \equiv \sqrt{r\left.\frac{\partial P}{\partial \rho}\right|_T}$ ，又因為理想氣體方程式 $P = \rho RT$ ，所以 $\left.\frac{\partial P}{\partial \rho}\right|_T = RT$ ，因此我們可以推論出 $a \equiv \sqrt{r\left.\frac{\partial P}{\partial \rho}\right|_T} = \sqrt{rRT}$ ，故得證。

【範例（民航特考考題）】

試述音（聲）速與溫度和高度的關係。

解答

因為 $a = \sqrt{rRT}$ ，而在對流層區域內溫度會隨高度遞減，在平流層中，溫度可視為常數，所以在對流層時，音（聲）速值會隨著高度的增加而變慢；而在平流層中，音（聲）速可視為常數，也就是說在平流層中，音（聲）速值並不隨高度改變。

【範例（民航特考考題）】

若飛機在壓力 P=450 kPa，$29.2^{0}C$ 的情況下飛行，請問音速值為何？

解答

因為 $T_2=(29.2+273)K=302.2K$，又因為 $a=\sqrt{rRT}$，所以音速值 $a=\sqrt{rRT}=\sqrt{1.4\times0.287\times1000\times302.2}=348m/\sec$。

PS1：音速值計算中，使用公式用的溫度都是絕對溫度（也就是 K 與 ^{0}R），同學必須特別注意。

PS2：從題目可知音速值的大小，僅與溫度有關，同學必須特別注意。

二、馬赫數

（一）定義

馬赫數為空速與音速的比值，其公式定義為 $M_a \equiv \dfrac{V}{a}$

PS：在此 V 不是表示體積，而是代表空速（飛機速度）。

（二）馬赫角

$$\theta = \sin^{-1}\frac{1}{M_a} \Rightarrow \sin\theta = \frac{1}{M_a}$$

【範例（民航特考考題）】

一架飛機以時速 700 公里（km/hr）在高度為 10 公里（km）進行巡航（cruise）飛行。若機身外面空氣量得的溫度為 223.26 K（Kelvin），壓力為 2.65 × 104 牛頓/公尺 ^{2}（N/m^2），密度為 0.04135 公斤/公尺 ^{3}（kg/m^3）。已知氣體常數（gas constant）為 287 公尺 ^{2}/秒 2K（m^2/sec2K）。試計算在此高度的聲音速度（speed of sound）。而此時飛機的飛行馬赫數（Mach number）為多少？

解答

在此必須注意速度單位轉換 $V_1 = 700km/hr = 700 \times 1000/3600(m/s)$

（一）$a = \sqrt{\gamma RT} = \sqrt{1.4 \times 287 \times 223.6} = 299.7(m/s)$

（二）$M_a = \dfrac{V}{a} = \dfrac{194.4}{299.7} = 0.65$

【範例（民航特考考題）】

若飛機以$M_a = 2$的速度飛行，試求馬赫角θ？

解答

因為馬赫角$\theta = \sin^{-1}\dfrac{1}{M_a} \Rightarrow \sin\theta = \dfrac{1}{M_a}$，因為$\sin\theta = \dfrac{1}{2}$，所以$\theta = 30^0$，

【範例（民航特考考題）】

試述馬赫數與馬赫角的關係？

解答

同學可用計算機按一下，$\sin 0^0 = 0$，$\sin 30^0 = \dfrac{1}{2}$，$\sin 90^0 = 1$，我們可以得到馬赫數與馬赫角的關係是「**馬赫數越大，馬赫角越小；馬赫數越小，馬赫角越大**」。

三、飛行器的飛行速度

如圖四十所示，一般而言，輕（小）型飛機的飛行速度區域在 0.1～0.5Ma，商用客機約在 0.5～0.9Ma，協和號是世界上至今最高速的載客航空器，最高速度可超過馬赫數 2，是世界第一架超音速客機也是目前唯一的一架超音速客機。惜因研發耗時與客機耗油，肇致成本過高而於 2003 年退役。目前近代的客機巡航速度多約在為 0.85 Ma 左右，例如波音 747。

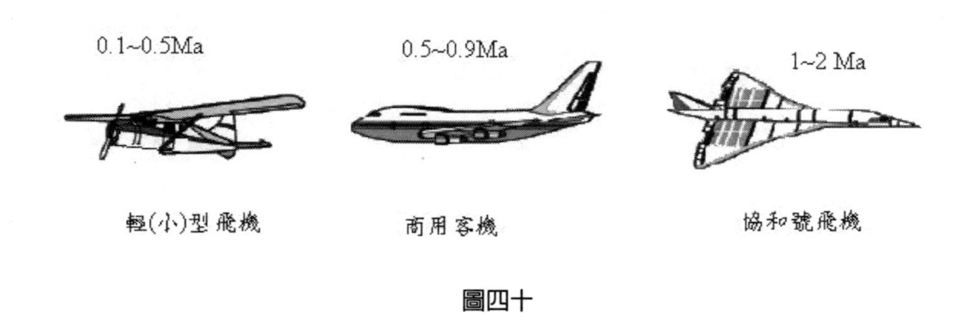

圖四十

【範例（民航特考考題）】

試論述協和號客機的停用原因？

解答

協和式客機共生產了 20 架，其中僅有 16 架投入運營。巨大的資金投入和漫長的研發過程使英法兩國政府蒙受了不小的經濟損失，法國航空 4590 號班機空難使旅客對其信心大減，之後的 911 事件又使國際民航業陷入危機，面對協和式客機慘淡的銷情以及第二次石油危機的影響，英航和法航決定協和號飛機執行完 2003 年 10 月 27 日的最後一次商業飛行後終止服務，並於同年 11 月 26 日完成「退役」航班後結束其 27 年的商業飛行生涯，從此無類似協和號商業客機服役，個人認為其主要的原因為 1.超音速客機技術先進，研發耗時。2.超音速客機耗油，成本過高應為協和號客機退役的最主要原因，除此之外，亦有人認為噪音過大，亦是其主因之一。

四、利用馬赫數所做外部流場的分類

馬赫數是可壓縮流分析的主要參數，空氣動力學家據此將外部流場加以分類，茲分述如下：

$0 < M_a < 0.3$　　我們稱此區域的流場為不可壓縮流，也就是假設流場的密度變化可以忽略不計。

$0.3 < M_a < 0.8$　　我們稱此區域的流場為次音速流，**整個流場無震波產生**。

$0.8 < M_a < 1.2$　　我們稱此區域的流場為穿音速流，**震波首次出現，整個流場分成次音速流與超音速流。由於流場混合的緣故，欲在穿音速流做動力飛行，是非常困難**。

$1.2 < M_a$　　我們稱此區域的流場為超音速流，**有震波出現，但無次音速流存在**。

【範例（民航特考考題）】

何謂可壓縮流（compressible flow）與不可壓縮流（incompressible flow）？一般民航機在進行巡航（cruise）飛行時，其機身外面的流場是屬於那一種？試解釋說明之。

解答

一、所謂可壓縮流（compressible flow）是說流體流場的密度 ρ 變化不可以忽略不計。而不可壓縮流（incompressible flow）則是假設流體流場的密度 ρ 可忽略不計。

二、空氣動力學家根據馬赫數將飛機飛行時的外部流場加以分類，當 Ma<0.3 時，我們可以將流體流場視為不可壓縮流，也就是假設流場的密度變化可以忽略不計。一般民航機在進行巡航（cruise）飛行時，Ma 均大於 0.3（約為 0.85 左右），所以機身外面的流場是屬於可壓縮流（compressible flow）。

五、次音速流、穿音速流與超音速流流場之意義

$M_a < 0.8$　　我們稱此區域的流場為次音速流（Subsonic Flow），**整個流場無震波產生**。

$0.8 < M_a < 1.2$　　我們稱此區域的流場為穿音速流（Transonic Flow），**震波首次出現，整個流場分成次音速流與超音速流。由於流場混合的緣故，欲在穿音速流做動力飛行，是非常困難**。

$1.2 < M_a$　　我們稱此區域的流場為超音速流（Supersonic Flow），**有震波出現，但無次音速流存在**。

從上可知次音速流、穿音速流與超音速流流場主要的差別是「**有無震波出現**」，所以為了更明瞭起見，我們依據馬赫數將次音速流、穿音速流與超音速流流場重新定義如下：

（一）次音速流（Subsonic Flow）

飛機氣流的最大馬赫數均小於 1.0 的流場，也就是整個飛行流場無震波產生。

（二）穿音速流（Transonic Flow）

飛機機翼之上局部氣流的馬赫數有大於 1.0，也有小於 1.0 的流場。

（三）超音速流（Supersonic Flow）

飛機氣流的最小馬赫數均大於 1.0 的流場。

【範例（民航特考考題）】

試解釋次音速流（Subsonic Flow）、穿音速流（Transonic Flow）與超音速流（Supersonic Flow）之意義。

解答

如上所述。

六、重要名詞解釋

（一）音障（Sound barrier）

當物體（通常是航空器）的速度接近音速時，將會逐漸追上自己發出的聲波。此時，由於機身對空氣的壓縮無法迅速傳播，將逐漸在飛機的迎風面及其附近區域積累，最終形成空氣中壓力、溫度、速度、密度等物理性質的一個突變面——震波。**所以我們可以將「音障」解釋為「飛機接近音速時，壓迫空氣而產生震波，導致阻力急遽增大的一種物理現象」**。

（二）震波（Shock wave）

是氣體在超音速流動時所產生的壓縮現象，震波會導致總壓的損失，若震波與通過氣流的角度成 90°，我們稱之為**正震波（Normal Shock wave）**，若震波與通過氣流的角度小於 90°，我們稱之為**斜震波（Oblique Shock wave）**。

（三）臨界馬赫數（critical Mach Number）

飛機在接近音速飛行時，隨著飛行速度的增加，當上翼面的速度開始出現震波時，此時飛機飛行的馬赫數稱之為臨界馬赫數。

（四）（震）波阻力（Wave Drag）

因為震波的形成所產生的阻力，我們稱之為波阻力（Wave Drag），通常在馬赫數到達 0.8（臨界馬赫數）的時候，震波開始出現，此時我們必須考慮波阻力造成的影響。

【範例（民航特考考題）】

何謂臨界馬赫數（Critical Mach Number），試述其所代表的物理意義？

解答

一、所謂臨界馬赫數是指飛機在接近音速飛行時，隨著飛行速度的增加，上翼面的速度會到達音速，此時飛機飛行的馬赫數稱之為臨界馬赫數。

二、臨界馬赫數是指飛機從次音速到達音速的臨界點，此時飛機會產生震波。

【範例（民航特考考題）】

何謂臨界馬赫數（Critical Mach Number）？它與飛機之最佳巡航速度有何關係？

解答

一、所謂臨界馬赫數（critical Mach Number）是指飛機在接近音速飛行時，隨著飛行速度的增加，上翼面的速度到達音速，此時飛機飛行的馬赫數稱之為臨界馬赫數。也就是臨界馬赫數是指飛機從次音速到達音速的臨界點，此時飛機會產生震波。

二、飛機在到達臨界馬赫數時會產生震波，此時空氣阻力會驟增。在此速度區域飛行會消耗大量燃油，並且會影響飛行安全及存在噪音問題，因此飛機之最佳巡航速度要比臨界馬赫數稍低一點。

七、在飛機上翼面之穿音速流的流場

如圖四十一所示，飛機飛行的速度在到達臨界馬赫數時，震波首次出現，整個流場分成次音速流與超音速流。由於流場混合的緣故，欲在穿音速流做動力飛行，是非常困難。

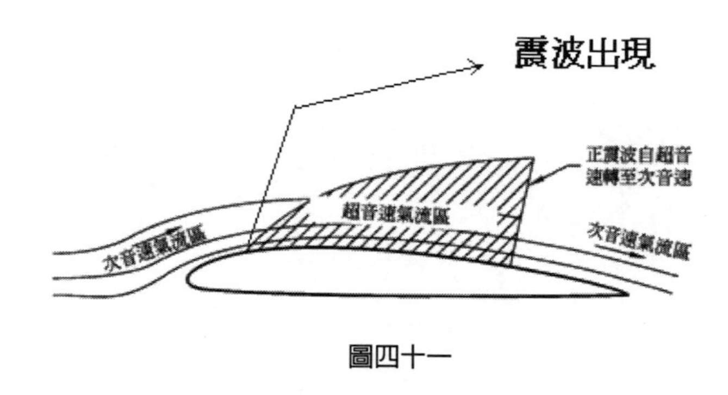

圖四十一

八、次音速、穿音速與超音速飛機機翼的形狀

（一）機翼形狀

一般而言，次音速的飛機是採用梯形翼飛機；穿音速的飛機是採用後掠翼飛機；而超音速飛機是採用三角翼飛機。目前大型客機巡航速度多為 0.85 馬赫左右，因此機翼均採用後掠角的設計。各種飛機機翼的示意圖如圖四十二所示。

圖四十二

（二）後掠角機翼的優缺點

使用後掠翼的目的主要是延遲震波，其優點是在飛機飛行時可有效提昇臨界馬赫數，避免飛機巡航速度受到穿音速時阻力驟增的限制，減少或避免飛機巡航飛行時的（震）波阻力。但其缺點是會損失部份的升力效果。

（三）三角翼的優缺點

三角翼飛機的優點是具有超音速阻力小、機翼剛性好，適合於超音速飛行和機動飛行。而其缺點是在次音速飛行狀態，機翼的誘導阻力較大、升阻比較小，從而影響飛機的航程和靈活性。

九、民航機延遲臨界馬赫數的方法

飛機在接近音速時，空氣被壓縮而產生震波，其空氣阻力會驟增。在此速度區域飛行會消耗大量燃油，並且會影響飛行安全及存在噪音問題，然而近代高性能民航機多採後掠翼與超臨界翼型機翼，後掠翼可延遲臨界馬赫數，超臨界翼型機翼除可延遲臨界馬赫數，甚至可消弭機翼上曲面局部超音速現象，由於後掠翼與超臨界翼型機翼解決了客機在穿音速飛行區域產生震波的問題，所以目前一般民航機都將巡航速度設定在穿音速區間（大約在馬赫數 0.85 左右）。

【範例（民航特考考題）】

試列舉兩種民航機延遲臨界馬赫數的方法。

解答

近代高性能民航機多採後掠翼與超臨界翼型機翼延遲臨界馬赫數。

十、後掠翼延遲臨界馬赫數的原理

（一）後掠角的定義

如圖四十三所示，後掠角是弦長 1/4 與翼根弦長垂直線的夾角。

（二）延遲臨界馬赫數的原理

如圖四十三所示，若飛機的飛行馬赫數是 M1，後掠角是 θ，流經弦長正交方向的馬赫數 $M2=M1\times COS\theta$，θ 越大，M2 越小，所以具大後掠角機翼可以擁有較大之臨界馬赫數。

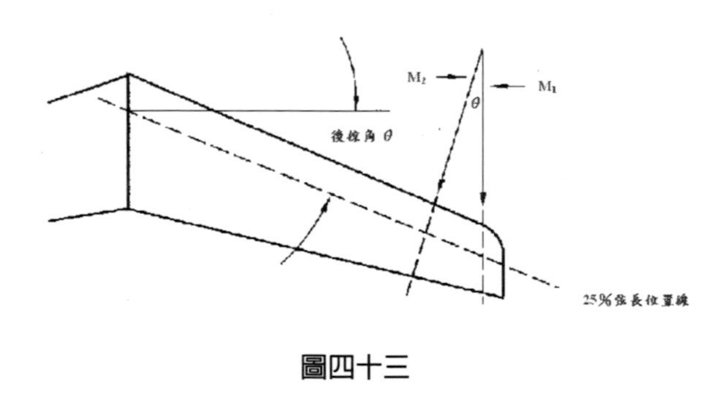

圖四十三

【範例（民航特考考題）】

大型客機巡航速度多為 0.85 馬赫，因此機翼均採用梯形及後掠角的設計，請說明此設計可減少何種阻力？並請說明原理為何？

解答

一、此設計是延遲臨界馬赫數，減少或避免（震）波阻力（Wave Drag）。

二、使用後掠翼可使機翼的臨界馬赫數增加，如圖四十三所示，若飛機的飛行馬赫數是 M1，後掠角是 θ，流經弦長正交方向的馬赫數 $M2=M1\times COS\theta$，θ 越大，M2 越小，所以具大後掠角機翼之飛機巡航速度較大。

十一、超臨界翼型機翼

（一）特徵

如圖四十四所示，超臨界翼型機翼的上表面比較平坦，使得飛機飛行的速度速度超過臨界馬赫數後，為一無明顯加速的均勻超音速區域，於上表面較平坦，所以升力減小，為了補足升力，一般會將後緣的下表面做成內凹以增加後段彎度，藉以增加升力。

圖四十四

（二）功用

由於飛機的巡航速度受到穿音速時阻力驟增的限制，利用後掠翼可使機翼的臨界馬赫數增加，到 0.87 左右（傳統翼型約為 0.7），若想要延遲臨界馬赫數，則一個重要方法為使用超臨界翼型機翼，目前超臨界翼型可使飛機在馬赫數到 0.96 左右，上表面才會出現馬赫數等於 1 的現象，且可以消弭機翼上曲面局部超音速現象，也就是穿音速的飛行速度區域無震波出現。

（三）缺點

超臨界翼型機翼強度不夠必須增加補強設計，這是美中不足的地方。

【範例（民航特考考題）】

試述超臨界翼型機翼的優缺點。

解答

臨界翼型機翼的優點是可以延遲臨界馬赫數，且可以消弭機翼上曲面局部超音速現象，也就是在穿音速的飛行速度區域無震波出現，但是其缺點是機翼強度不夠必須增加補強設計，這是美中不足的地方。

十二、穿音速面積定律（Transonic area rule）

（一）定律

飛機在穿音速飛行時，如果沿縱軸的截面積（以從機頭至機尾的飛機中心來看飛機的截面積）的變化曲線越平滑的話，產生的穿音速阻力就會越小，這也就是超音速飛機「蜂腰」的來源。

（二）實際應用的方式

削減機翼處的機身（機身收縮）以及把機身（機翼連接以外區域）截面積加大。

【範例（民航特考考題）】

何謂穿音速面積定律？

解答

如上所述。

十三、Prandtl-Glauert rule

(一) 目的

Prandtl-Glauert rule 之目的是建立可壓縮流與不可壓縮流中相同翼型的氣動力參數之間的關係，進而得到可壓縮性對同一翼型的影響。

(二) 公式

$\dfrac{C_{P1}}{\sqrt{1-M_{1\infty}^2}}=\dfrac{C_{P2}}{\sqrt{1-M_{2\infty}^2}}$，在此 C_{P1} 為不可壓縮流之壓力係數；C_{P2} 為可壓縮流之壓力係數，M_∞ 為自由流（遠離物體）的馬赫數。

【範例（民航特考考題）】

在次音速風洞實驗中，當風速 $U_0=30m/s$ 時（其馬赫數經計算為 $M_\infty=0.088$），在模型翼型（airfoil）上測出某點之壓力係數 $C_{Pi}=-1.18$，當風速增加到 $U_0=240m/s$，在相關條件相同下，請問其馬赫數 M_∞ 增為多少？並請利用 Prandtl-Glauert rule 求出該點壓力係數 C_{Pc}。

解答

一、因為 $M_a\equiv\dfrac{V}{a}\Rightarrow 0.088=\dfrac{30}{a}$，所以音（聲）速 $a\equiv\dfrac{30}{0.088}=340.9(m/s)$。

又因為 $U_0=204m/s\Rightarrow M_\infty=\dfrac{V}{a}=\dfrac{204}{340.9}=0.598$。

二、因為 Prandtl-Glauert rule $\dfrac{C_{P1}}{\sqrt{1-M_{1\infty}^2}}=\dfrac{C_{P2}}{\sqrt{1-M_{2\infty}^2}}$，所以

$$\frac{C_{Pe}}{\sqrt{1-0.598^2}}=\frac{-1.18}{\sqrt{1-0.088^2}}=-0.949。$$

第十章

飛機受力情況

本章主要使同學瞭解飛機飛行的受力情況與影響因素，進而對飛機運動有更深一層的瞭解。說明如下：

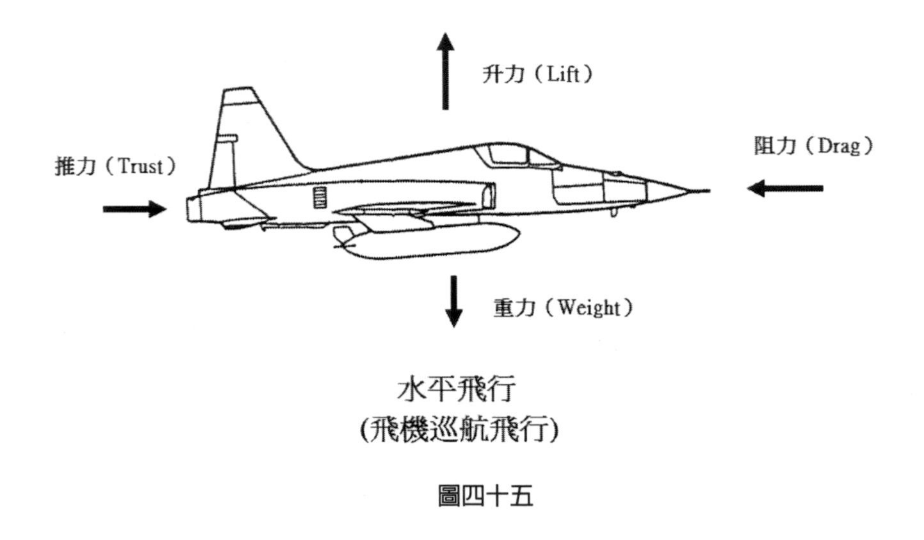

水平飛行
(飛機巡航飛行)

圖四十五

如圖四十五所示，飛機飛行所受的四種力：升力（Lift）、阻力（Drag）、推力（Trust）及重力（Weight），我們在設計飛機時，我們希望提高升力與推力，降低阻力，希望各位同學掌握此要點準備此一章節，玆說明如下：

一、飛機的升力

在民航特考「空氣動力學」與「飛行原理」科目，常常考「凱爾文定理」、「庫塔條件」、「試用庫塔條件說明升力的形成」以及「失速現象的解釋」，這是本部份重點所在，同學必須瞭解與熟記。

（一）凱爾文定理（Kelvin’s Circulation Theorem）

對於無黏性流體渦流強度不會改變。我們稱為凱爾文定理。**此定理可協助說明為何機翼的前緣會產生一順時針之環流**。

（二）庫塔條件（Kutta-Condition）

如圖四十六所示，對於一個具有尖銳尾緣的機翼而言，流體無法由下表面繞過尾緣而跑到上表面，而翼型上下表面流過來的流體必在後緣會合。如果後緣夾角不為 0，則後緣為停滯點，表示速度為 $V_1=V_2=0$（因為沿流線方向則速度會有兩個方向，對同一後緣點而言不合理，所以只能為 0），如果後緣夾角為 0，同一點 P 相等，則 $V_1=V_2\neq 0$，由上述也可知，在翼尖尾緣處，其上下翼面的壓力相等。

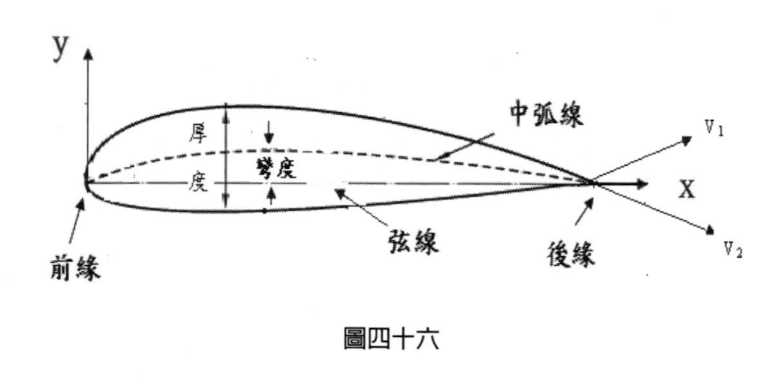

圖四十六

（三）利用庫塔條件解釋升力的形成

基於庫塔（Kutta）條件，空氣流過機翼前緣（Leading Edge）時，會分成上下兩道氣流，並於機翼後緣（Trailing Edge）會合，所以對於一個正攻角的機翼而言，因為流經機翼的流體無法長期的忍受在尖銳尾緣的大轉彎，因此在流動不久就會離體，造成一個逆時針之渦流，使得流體不會由下表面繞過尾緣而跑到上表面，我們稱此渦流為啟始渦流（starting votex），隨著時間的增加，此渦流會逐漸地散發至下游，而在機翼下方產生平滑的流線，此時升力將完全產生。

【範例（民航特考考題）】

1. 何謂凱爾文定理（Kelvin's Circulation Theorem）＆庫塔條件（Kutta-Condition）？
2. 試用庫塔條件說明升力的形成。

解答

如上所述。

（四）流體分離

1. **發生原因**：在實際流場時，流體會因物體表面前後壓力梯差的改變過大而導致流體分離，若物體為球體，產生流體分離時，球體前方的壓力會比後方大，因此產生形狀阻力，此於勢流（理想流體）的理論所預測的結果（形狀阻力為 0）不同。
2. **示意圖**：如圖四十七所示，在 C 之前的各點（例如：A，B）不會產產生流體分離的現象，在 C 之後的各點，流體將會產生流體分離的現象。而我們稱 C 點為分離點。

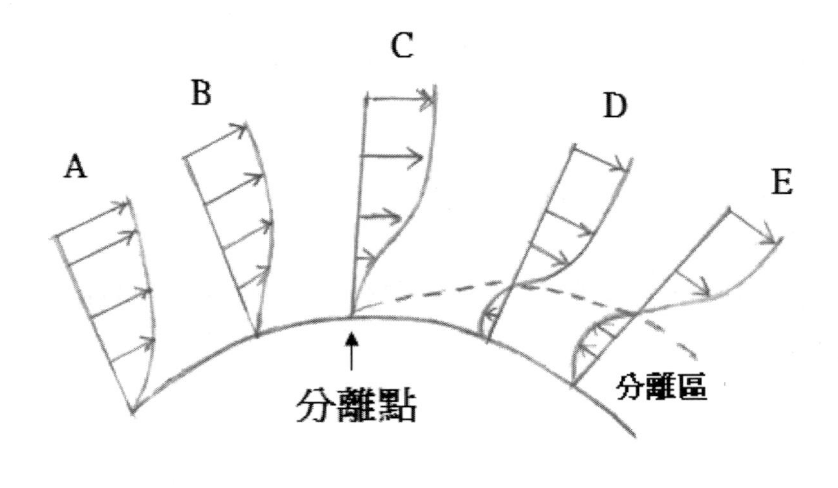

圖四十七

3 **現象解釋：**

（1） **負壓力梯度與零壓力梯度不會發生流體分離**：如圖四十八所示，流體會因物體表面前後壓力梯差的改變過大而導致流體分離的發生，負壓力梯度與零壓力梯度不會產生流體分離的現象發生。

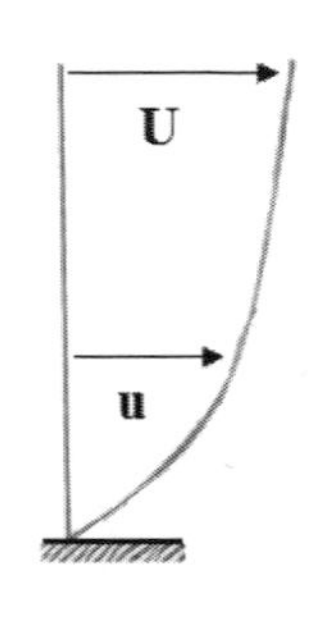

負壓力梯度

$\frac{\partial U}{\partial x} > 0$；$\frac{\partial P}{\partial x} < 0$

沒有流體分離

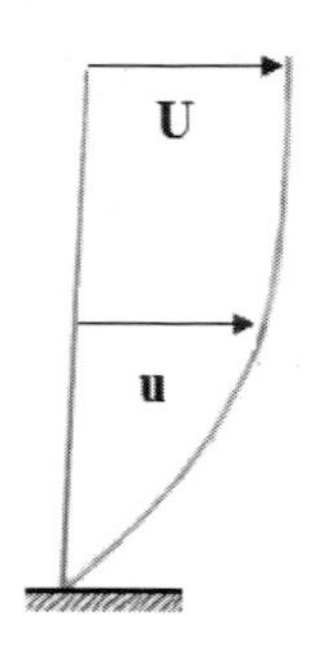

零壓力梯度

$\frac{\partial U}{\partial x} = 0$；$\frac{\partial P}{\partial x} = 0$

沒有流體分離

圖四十八

（2） **正壓力梯度才有可能會流體分離的現象：**流體會因物體表面前後壓力梯差的改變過大而導致流體分離的發生，如圖四十九所示，微小的正壓力梯度不會產生流體分離的現象發生。而過大的正壓力梯度才有可能會流體分離的現象。

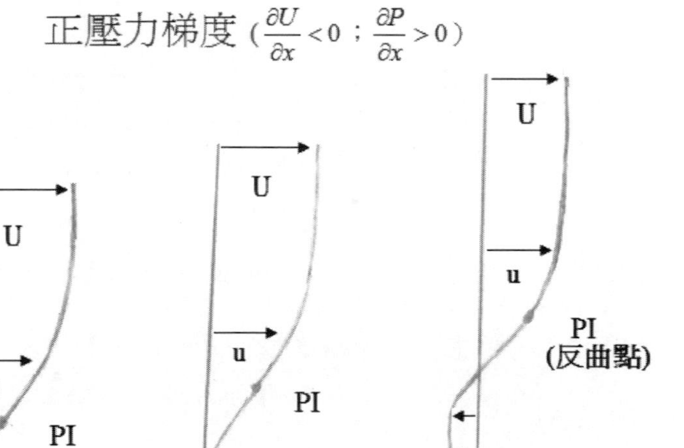

微小的正壓力梯度　臨界正壓力梯度　過大的正壓力梯度

圖四十九

（3） **臨界情況（分離點的位置）**：流體分離的臨界情況出現在壁面剪應力等於0的位置（$\tau_w = 0$的位置）。

【範例（民航特考衍生考題）】

如圖五十所示，請問在壁面（y=0）時的u與$\frac{\partial u}{\partial y}$為何？

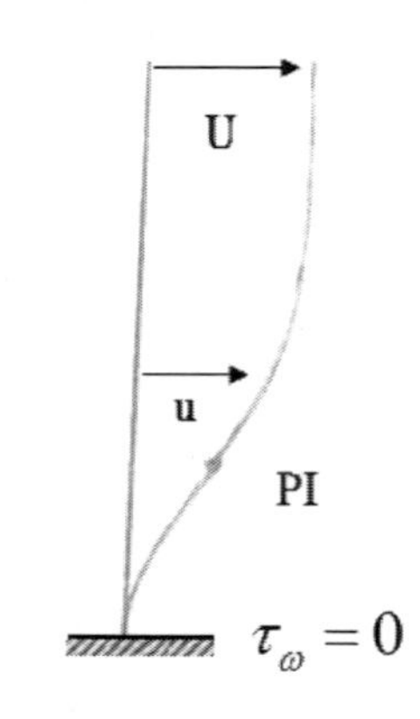

圖五十

解答

一、根據無滑流情況（no-slipping condition），和壁面接觸的流體分子的速度會和壁面相同，所以在壁面（y=0）時的$u = 0$。

二、根據分離點的存在條件，流體分離的臨界情況會出現在壁面剪應力等於0的位置（$\tau_w = 0$的位置），所以在壁面（y=0）時的$\frac{\partial u}{\partial y} = 0$。

4. **層流與紊流（雷諾數）對流體分離（或形狀阻力）的影響**：我們都知道層流的雷諾數比紊流來的小，當球體表面的流場為層流（laminar flow）時，分離區較大，形狀阻力也較大；當球體表面的流場為紊流（turbulent flow）時，分離區較小，也就是指流體分離點（separation point）會比層流流場延後發生，因此形狀阻力也較小，這也就是高爾夫球表面為何設計成凹凸表面的原因。

（五）飛機失速

1. **失速原因探討**：如圖五十一所示，飛機在低攻角的時候，升力會隨著攻角上升，但是到達臨界攻角時，機翼會產生流體分離現象，此時，升力會大幅下降，飛機將無法再繼續飛行，我們稱之為失速（Stall）。

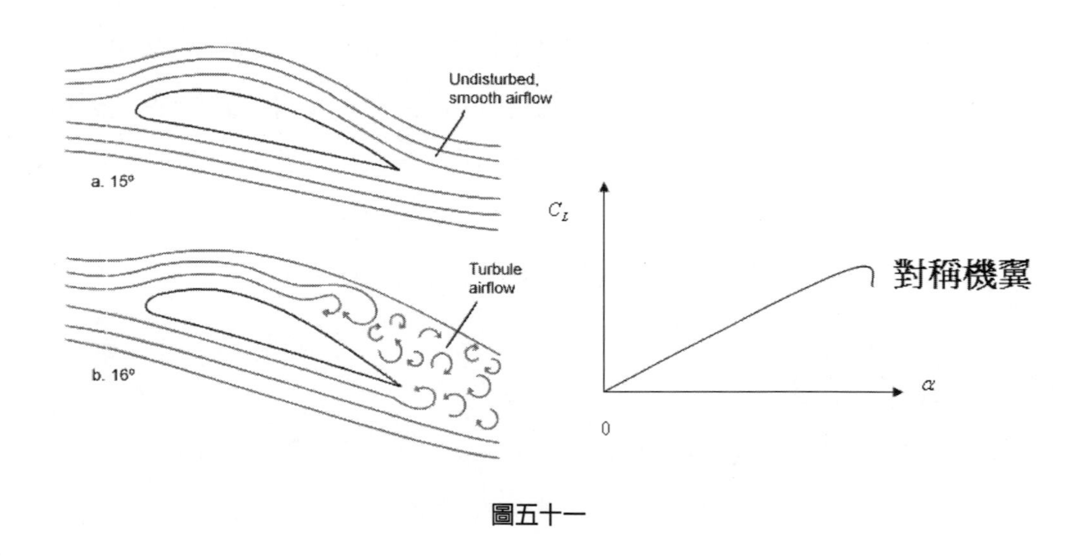

圖五十一

【範例（民航特考考題）】

何謂失速（Stall）現象？

解答

所謂失速現象是指飛機到達臨界攻角時，產生升力急速下降的情形。

【範例（民航特考考題）】

請問為何不可以用柏努利方程式解釋失速（Stall）現象？

解答

因為柏努利方程式的存在條件之一為流場為穩態流場，飛機在失速的時候，機翼會產生流體分離現象，此一現象為非穩態流場，所以何不可以用柏努利方程式解釋失速現象。

2. 重要名詞解釋

① **臨界攻角（Critical Angle of Attack）**：所謂臨界攻角（Critical Angle of Attack）是指飛機在低攻角的時候，升力會隨著攻角上升，但是攻角到達某一度數時，機翼會開始產生流體分離現象，造成飛機失速，我們稱此一攻角為臨界攻角。

② **最大升力係數（$C_{L\max}$）**：所謂最大升力係數是飛機到達失速時，所對應的升力係數；也就是飛機到達臨界攻角所對應的升力係數。

【範例（民航特考考題）】

何謂臨界攻角（Critical Angle of Attack）與臨界馬赫數（Critical Mach Number），試述二者間的差異（所代表的物理意義）？

解答

一、所謂臨界攻角是指飛機在低攻角的時候，升力會隨著攻角上升，但是攻角到達某一度數時，機翼會開始產生流體分離現象，造成飛機失速，我們稱此一攻角為臨界攻角。

二、所謂臨界馬赫數是指飛機在接近音速飛行時，隨著飛行速度的增加，上翼面的速度到達音速，此時飛機飛行的馬赫數稱之為臨界馬赫數。

三、臨界攻角是指飛機到達失速的臨界點，此時飛機會產生失速，臨界馬赫數是飛機從次音速到達音速的臨界點，此時飛機會產生震波。

3. **失速速度的計算**：所謂失速速度是指飛機產生失速現象時，所對應的飛行速度，在此情況下，升力等於重力（L=W），升力係數為最大升力係數。因此失速速度的計算公式為

$V_{Stall} \equiv \sqrt{\dfrac{2W}{\rho C_{L\max} S}}$，在此 S 為機翼面積。

【範例（民航特考考題）】

試推導失速（Stall）速度 $V_{Stall} = \sqrt{\dfrac{2W}{\rho C_{L\max} S}}$？

解答

一、假設飛機產生失速現象時，所對應的飛行速度，在此情況下，升力等於重力（L=W），升力係數為最大升力係數（$C_{L\max}$）。

二、根據升力公式 $L = \frac{1}{2}\rho V^2 C_L S$，所以 $L = W = \frac{1}{2}\rho V_{stall}{}^2 C_{L\max} S$，所以可導出 $V_{Stall} = \sqrt{\dfrac{2W}{\rho C_{L\max} S}}$。

（六）升力與攻角的示意圖

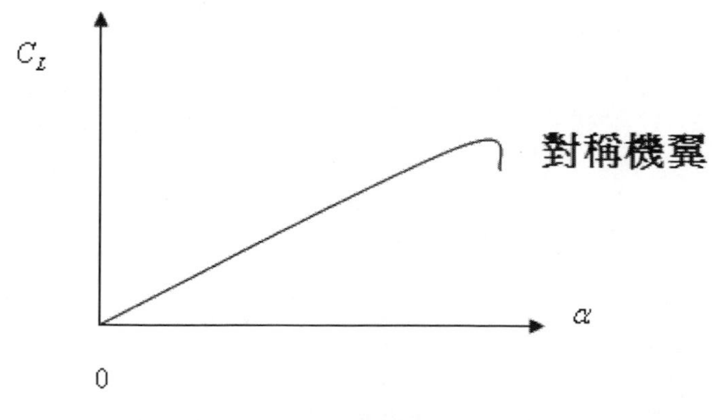

圖五十二

從圖五十二可知，由於機翼為對稱機翼，所以零升力攻角在攻角α為0的位置，升力係數曲線在到達失速攻角（或臨界攻角）前，升力與攻角成正比；當攻角達到失速攻角（或臨界攻角）時，因為會產生流體分離現象，升力會大幅下降。此時飛機無法再繼續飛行，我們稱之為失速。

【範例（民航特考考題）】

試述對稱機翼升力係數與攻角定性關係，並以薄翼理論說明該圖之特性。

解答

一、請繪出圖五十二再做說明。

二、因為薄翼理論$C_L = 2\pi\alpha$，我們可以得知$C_L = 0 \Rightarrow \alpha = 0$，所以零升力攻角為0。且從公式$C_L = 2\pi\alpha$中可以看出：在飛機失速前，升力與攻角成正比。

二、提昇升力的裝置

（一）襟翼（Flap）

1. **用途**：當襟翼下放時，升力增大，同時阻力也增大，因此一般用於起飛和降落階段，以便獲得較大的升力，減少起飛和降落滑行距離。
2. **工作原理**：如圖五十三所示，使用襟翼以增加機翼面積和彎度，提高機翼的升力係數，起到增加升力的作用，藉以減少起飛的距離。當然在襟翼下放時亦會增加其阻力，減少降落滑行的距離。

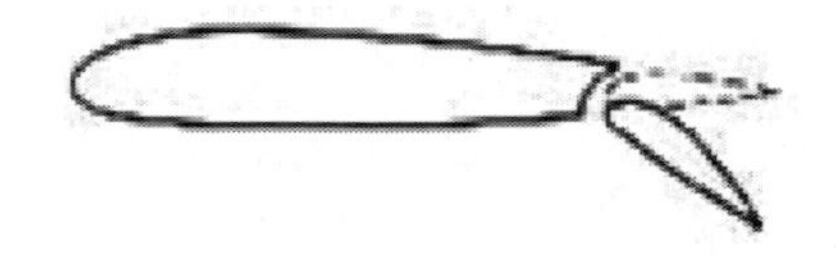

圖五十三

PS：對具有襟翼之機翼而言，襟翼放出時可使機翼面積加大，同時加大有效攻角，故升力增加，但同時阻力也一併增加了。所以如何在適當的時機將襟翼放下至正確的角度是相當重要的。例如在起飛時，襟翼最多只能放出大約全行程的三分之一到一半，以增加升力而不增加太多的阻力；但降落時則同時須增加升力與阻力以減低速度並保持足夠之升力，所以經常被放到全行程位置。

3. **升力係數與攻角定性關係圖**

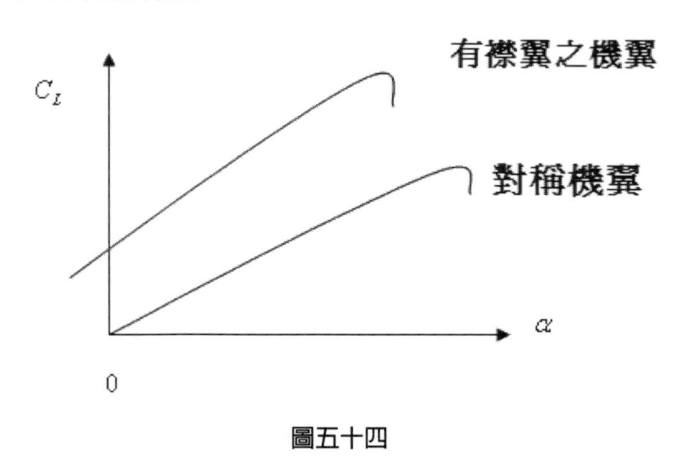

圖五十四

從圖五十四可知，由於在使用襟翼的機翼為正彎度翼剖面，所以零升力攻角在攻角 α 為負的位置，雖然臨界攻角較對稱機翼小，但升力爬升較快。當然和對稱機翼一樣，升力係數曲線在到達失速攻角（或臨界攻角）前，升力與攻角成正比；當攻角達到失速攻角（或臨界攻角）時，會發生流體分離現象，而產生失速。

【範例（民航特考考題）】

試述正彎度機翼升力係數與攻角定性關係，並以二維機翼升力理論說明其與對稱機翼的差異。

解答

一、請繪出圖五十四再做說明。

二、因為二維機翼升力理論：$C_L = 2\pi\sin(\alpha + \frac{h}{c})$，我們可以得知：

若 $C_L = 0 \Rightarrow \sin(\alpha + \frac{h}{c}) = 0 \Rightarrow \alpha = -\frac{h}{c}$，所以零升力攻角為負。

且從公式 $C_L = 2\pi\sin(\alpha + \frac{h}{c})$ 中可以看出：在飛機失速前，升力與攻角幾乎成正比。

三、從圖五十四中我們可以看出：正彎度機翼與對稱機翼之差異有二：

（1） 正彎度機翼的零升力攻角不為0，而對稱機翼的零升力攻角為0。

（2） 正彎度雖然臨界攻角較對稱機翼小，但升力爬升較快。

（二）翼條（Slat；又稱前緣襟翼）

1. **用途**：正常工作時與機翼主體產生縫隙，可使機翼下表面部分空氣流經上表面從而推遲氣流分離的出現，增加機翼的臨界攻角，使飛機在更大的攻角才會失速。

2. **工作原理**：如圖五十五所示，當前緣縫翼打開時，便與主翼前緣形成一道縫隙，下翼面壓力較高的氣流通過這道縫隙得到加速而流向上翼面，增大了上翼面邊界層中氣流的速度，降低了壓力，因而延緩了氣流分離的現象發生，藉以避免大攻角時可能發生的失速現象，使得升力係數得以提高。

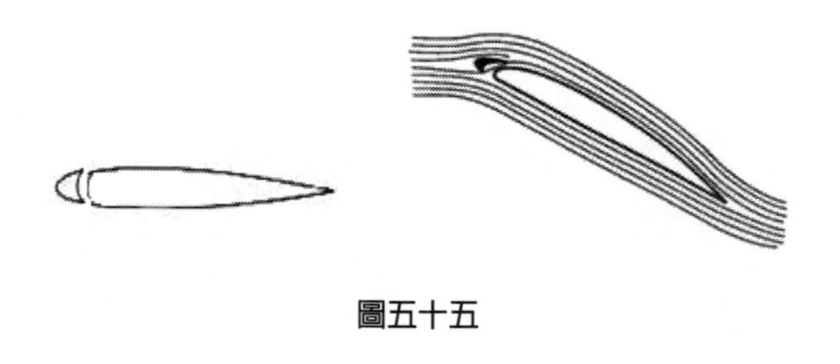

圖五十五

3. **升力係數與攻角定性關係圖**

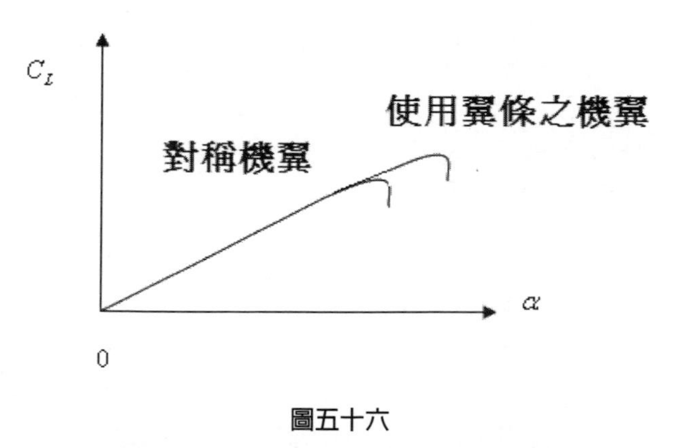

圖五十六

從圖五十六可知，使用翼條（Slat）可以使失速攻角（或臨界攻角）延後，進而提高升力。

【範例（民航特考考題）】

試述前緣襟翼（Leading edge slat）的功用與升力係數與攻角定性關係，並以薄翼理論說明與對稱機翼二者間的差異。

解答

一、請繪出圖五十六再做說明。

二、前緣襟翼可以使失速攻角（或臨界攻角）延後，進而提高升力。

三、因為薄翼理論 $C_L = 2\pi\alpha$，我們可以得知失速攻角（或臨界攻角）變大，則最大升力係數（$C_{L\max}$）速變大，因而可提昇飛機起飛時的升力。

三、飛機的阻力

在民航特考「飛行原理」與「空氣動力學」科目，「阻力」是常考的問題，但是由於多數同學未能將問題劃分成「一般物體」與「飛機」所承受的阻力，所以導致無法正確的回答題目，而導致扣分，甚至一分都沒有，因此本書在本部份就「一般物體所承受的阻力」與「飛機飛行時所承受的阻力」加以說明，說明如下：

（一）一般物體所承受的阻力

一般物體所承受的阻力可分為壓力阻力（形狀阻力）與摩擦阻力二種，各種阻力的名詞定義與發生原因詳述如下：

1. **形狀阻力／壓力阻力（Form drag／Pressure drag）**：物體形狀所造成的阻力（物體前後壓力梯差所引起的阻力），飛機做得越流線形，形狀阻力就越小。
2. **摩擦阻力（Skin friction drag）**：空氣與飛機摩擦所產生的阻力。

PS：紊流流場（turbulent flow）的流體分離點（separation point）會比層流流場（laminar flow）延後發生，所以在紊流流場的壓力阻力（形狀阻力）會比層流流場的壓力阻力（形狀阻力）來得小

【範例（觀念題）】

何謂阻力？

解答

所謂阻力是指物體在流體中相對運動所產生與運動方向相反的力。

【範例（觀念題）】

試述降低形狀阻力的方法與原理。

解答

一、流線型：形狀越呈流線型，其所產生尾流的低壓區越小，阻力就越小，這也就是飛機的翼剖面皆選擇尖銳的尾緣設計的原因。

二、使層流變紊流：紊流慣性力大，因此發生離滯現象會比層流延後，低壓區域較小。這也就是高爾夫球表面為何設計成凹凸面的原因。

【範例（民航特考考題）】

高爾夫球飛行時，有那兩種阻力作用在球上？由空氣動力學的角度，說明高爾夫球表面為何設計成凹凸面。

解答

一、高爾夫球在飛行時，有壓力阻力（形狀阻力）與摩擦阻力二種阻力作用在球上。

二、由於形狀阻力是由物體前後的壓力梯差所造成，而摩擦阻力是由流體的黏滯性所造成。由於高爾夫球的速度大，因此物體前後壓力梯差所造成的形狀阻力（form drag）佔總阻力的絕大部份，所以用凹凸表面造成紊流現象，使流體分離（separation point）延後發生，藉以減少形狀阻力（form drag），雖然凹凸表面會造成摩擦阻力（shear drag）變大，但由於形狀阻力佔總阻力的絕大部份，因此總阻力仍然會降低。

【範例（民航特考衍生考題）】

兵乓球表面為何是光滑的設計？

解答

是為了降低兵乓球運動時所承受的摩擦阻力。

【範例（民航特考考題）】

對於一個穩態、無非黏滯性流場的氣流流經圓球表面，請問升力與阻力為何？為何會得到此一結果？

解答

一、根據柏努利方程式，因為圓球上下對稱無壓差，所以升力為0。

二、一般物體所承受的阻力可分為壓力阻力（形狀阻力）與摩擦阻力二種，因為題目假設無摩擦力存在，所以摩擦阻力為0。又依據壓力阻力定義，因為圓球左右對稱對稱無壓差，所以壓力阻力為0。因此物體所受的阻力為0。

三、任何物體運動都會有阻力，會造成此結果是因為題目假設穩態與無摩擦力的緣故，所以所得阻力為0。

（二）飛機飛行時所承受的阻力

一般而言，我們可把飛機飛行所承受的阻力分成摩擦阻力、形狀阻力、誘導阻力以及干擾阻力等四類，當超音速飛行時，我們還需考慮因為震波所造成的震波阻力，此一阻力本書會在下章說明，現先就上述四類阻力的名詞定義與發生原因加以說明，說明如下：

1. **摩擦阻力（Skin friction drag）**：空氣與飛機摩擦所產生的阻力。
2. **形狀阻力／壓力阻力（Form drag／Pressure drag）**：物體前後壓力差引起的阻力，飛機做得越流線形，形狀阻力就越小。

3. **干擾阻力（Interference drag）**：空氣流經飛行物各組件交接點時所衍生出來的阻力。

PS：其中形狀阻力及摩擦阻力之和也稱為型阻（profile drag），而寄生阻力（Parasitic drag）=形狀阻力+摩擦阻力+干擾阻力。

4. **誘導阻力（Induced drag）**：如圖五十七所示，機翼的翼端部因上下壓力差，空氣會從壓力大往壓力小的方向移動，而從旁邊往上翻，因而在兩端產生渦流，因而產生阻力。由於這種阻力是因為渦流產生，所以也稱為渦流阻力。

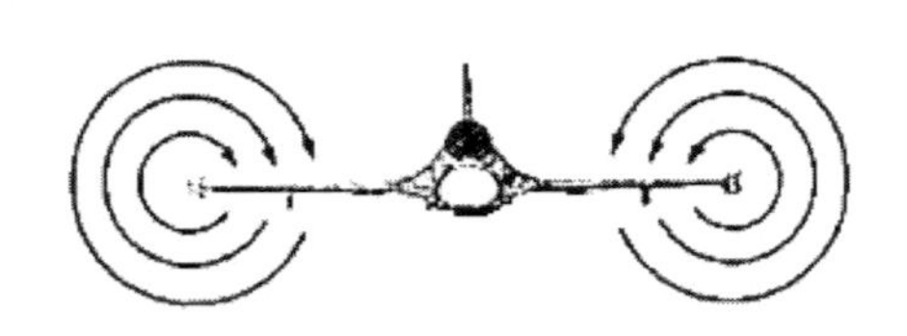

誘導阻力（Induced drag）

誘發原因示意圖

圖五十七

PS：當飛機接近地面時誘導阻力減少，翼端升力增大可延長滑行距離，這種效果叫地面效應，越接近地面，效應越明顯。

【範例（民航特考考題）】

探討空氣流經飛機之空氣動力學時，可將阻力（drag）分為那四類？

解答

一般而言，我們可把飛機飛行所承受的阻力分成摩擦阻力、形狀阻力、誘導阻力以及干擾阻力等四類，但當飛機在穿音速飛行時，我們還需考慮因為震波所造成的震波阻力

【範例（民航特考考題）】

試述寄生阻力（Parasitic drag）的定義與種類。

解答

一、所謂寄生阻力，是指物體在流體中運動，由於流體黏度或壓差所造成之阻力。

二、寄生阻力主要可以分為形狀阻力、摩擦阻力以及干擾阻力等三種。

【範例（民航特考考題）】

試述形狀阻力、摩擦阻力、干擾阻力。與誘導阻力（Induced drag）的定義與來源。

解答

一、形狀（壓差）阻力：指因物體形狀而產生的阻力。

二、摩擦阻力：是來自流體和有相對運動物體「表面」的摩擦力，和物體和流體接觸的表面積的大小與物體表面的光滑程度以及流體的黏滯性有關。

三、干擾阻力：干擾阻力是空氣流經鄰近的二物體時，二個對流場的影響互相干擾，因而產生的阻力。

四、誘導阻力：誘導阻力是由於升力而產生，故又稱為升力衍生阻力（感應阻力）。乃是因為氣流下洗（airflow wash）使原來的升力偏轉而引起附加阻力。

（三）在次音速時寄生阻力及誘導阻力和速度之間的關係

如圖五十八所示，在次音速的速度飛行時，我們可把飛機飛行所承受的阻力分成摩擦阻力、形狀阻力、干擾阻力以及誘導阻力等四類，其中摩擦阻力、形狀阻力與干擾阻力合稱為寄生阻力，因此總阻力等於寄生阻力與誘導阻力的總合，也就是總阻力=寄生阻力+誘導阻力。在低次音速流場的阻力是以誘導阻力為主導，而高次音速流場的阻力是由寄生阻力決定，通常大約在馬赫數為 0.5 時，阻力最低，在臨界馬赫數時，阻力最高。

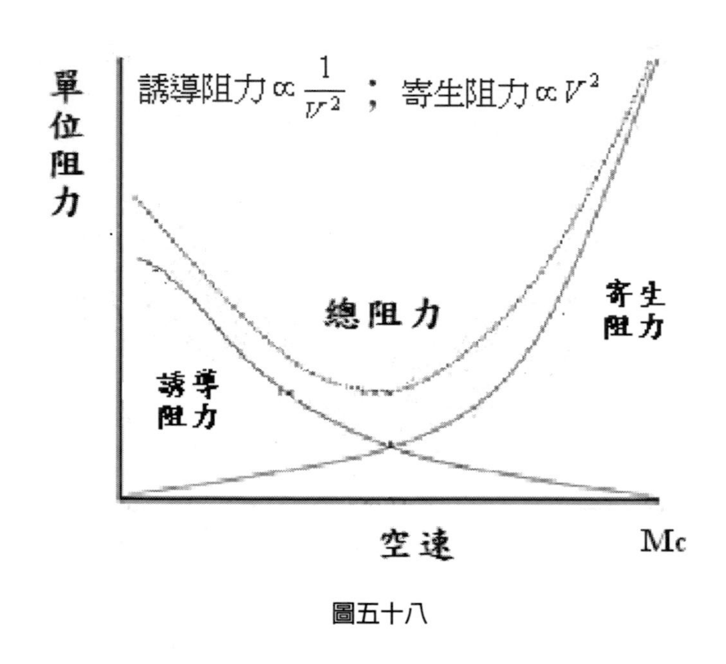

圖五十八

【範例（民航特考考題）】

試說明一架飛機以慢速飛行時所受到的阻力（drag）有那些？如果以超音速飛行時，則又有那些阻力產生？

解答

一、一般而言，我們可把飛機在低速飛行時所承受的阻力分成摩擦阻力、形狀阻力、誘導阻力以及干擾阻力等四類。

二、當飛機以穿音速飛行時，我們除了前面所提的四種阻力，還需考慮因為震波所造成的震波阻力（Wave drag）。

【範例（民航特考考題）】

試說明飛機在次音速飛行時，阻力種類與速度之間的關係

解答

一、請繪出圖五十八再做說明。

二、在次音速的速度飛行時，我們可把飛機飛行所承受的阻力分成寄生阻力與誘導阻力二種，總阻力=寄生阻力+誘導阻力。在低次音速流場的阻力是以誘導阻力為主導，而高次音速流場的阻力是由寄生阻力決定。

（四）誘導阻力所引發的現象

1. **誘導攻角（Induced Angle of Attack）造成升力減少**：如圖五十九所示，機翼的翼端部因上下壓力差，而產生誘導阻力，這種現象會使有效攻角變小。而原本的攻角與有效攻角之差，我們稱之為誘導攻角。我們知道在飛機到達臨界攻角前，升力與攻角成正比，因為誘導阻力會使有效攻角變小，由於攻角變小，相對升力亦隨之變小。

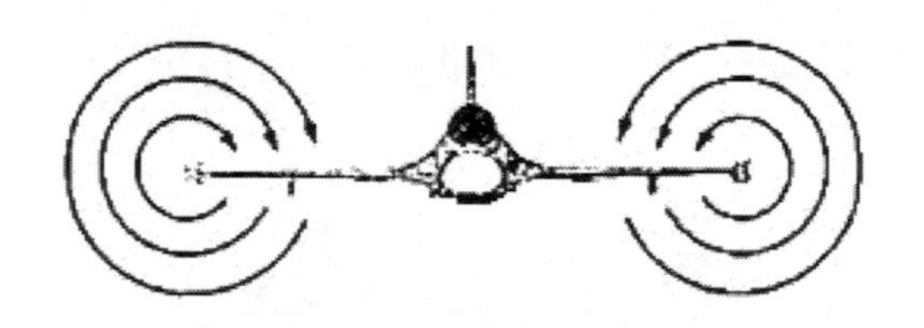

誘導攻角（Induced Angle of Attack）

誘發原因示意圖

圖五十九

【範例（民航特考考題）】

何謂誘導攻角（Induced Angle of Attack）？

解答

一、請先繪出圖五十九後再做說明。

二、機翼的翼端部因上下壓力差，空氣會從壓力大往壓力小的方向移動，而從旁邊往上翻，產生氣流下洗（airflow wash），因而使得有效攻角變小，並造成額外的阻力，我們稱這種阻力為誘導阻力，而原本的攻角與有效攻角之差為誘導攻角。

【範例（民航特考考題）】

試以薄翼理論說明誘導攻角（Induced Angle of Attack）造成升力變少的原因？

解答

因為誘導阻力會使有效攻角變小，根據薄翼理論 $C_L = 2\pi\alpha$，升力與攻角成正比，由於有效攻角變小，所以相對的升力亦隨之變小。

2. 翼端渦流（Trailing Vortices）與尾流效應（Wake effect）

圖六十

（1） **翼端渦流（Trailing Vortices）**：如圖六十所示，當機翼產生升力時，機翼下表面的壓力比上表面的大，而機翼長度又是有限的，機翼的翼端部因上下壓力差，所以下翼面的高壓氣流會繞過兩端翼尖，向上翼面的低壓區流去，因此在兩端產生會在機翼二端產生由外往內的渦流，越接近翼端，渦流越強，我們稱此渦流為翼端渦流。

（2） **尾流效應（Wake effect）**：如圖六十所示，翼端渦流會向後擴散，跟在大飛機後面起降的小飛機，如果距離太近會被捲入大飛機留下翼尖渦流中，而發生墜機事故。大型噴射客機所產生的翼端渦流，其體積甚至可以超過一架小飛機，且留下的翼端渦流有時可以持續數分鐘仍不散去，這也就是機場航管人員管制飛機起降，通常要有一定隔離時間的原因。

【範例（民航特考考題）】

何謂翼端渦流（Trailing Vortices）？

解答

一、請先繪出圖六十後再做說明。

二、所謂翼端渦流是誘導阻力所導致的氣流下洗（airflow wash）現象，在翼端所產生的渦流，越接近翼端，渦流越強。

【範例（民航特考考題）】

何謂尾流效應（Wake effect）？

解答

一、請先繪出圖六十後再做說明。

二、所謂尾流效應是誘導阻力所引發的翼端渦流會向後擴散的現象。

（五）減少誘導阻力的方法

由機翼的翼端部會因為上下壓力差，而產生誘導阻力，使阻力增加、升力減少以及引發尾流效應，所以航空界想盡方法欲減少或避免誘導阻力的發生，一般民航機使用的方式列舉如下：

1. **翼端扭曲（aerodynamic twist）**：例如零式的主翼翼端比翼根帶-0.5 度攻角。
2. **翼端小尖（Winglet）**：如圖六十一所示，設置在翼尖處，並向上翹起之平面，能透過改變翼尖附近的流場從而削減翼尖因上下表面壓力不同所產生之渦流。

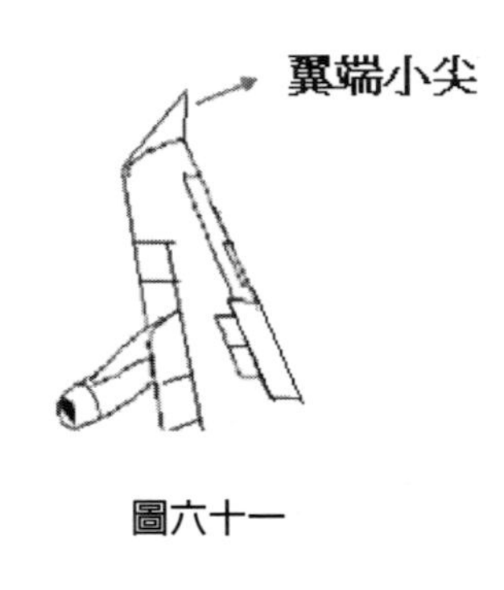

圖六十一

【範例（民航特考考題）】

何謂翼端小尖（Winglet）？

解答

設置在翼尖處，並向上翹起之平面，透過改變翼尖附近的流場從而削減翼尖因上下表面壓力不同所產生之渦流，達到減少誘導阻力與誘導阻力所引發的現象之目的。

（六）在穿音速與超音速時阻力係數與速度的關係

如圖六十二所示，飛機在到達臨界馬赫數時，由於震波出現，阻力係數急速增加，超過音速後，由於通過音障，阻力係數又再次遞減，大約在馬赫數等於 2 時，阻力係數幾乎不變。

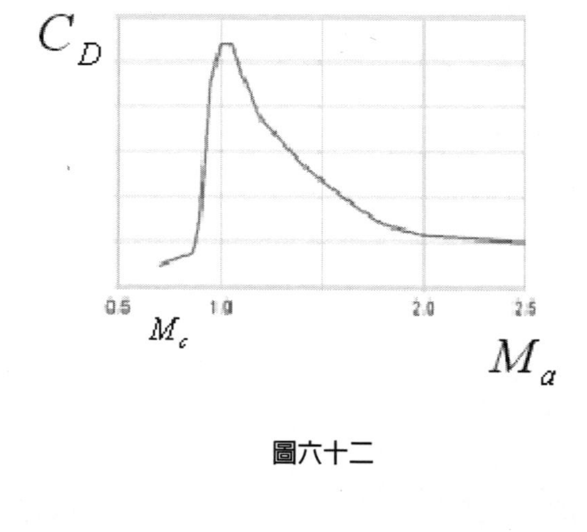

圖六十二

PS：阻力與阻力係數的關係 $D=\frac{1}{2}\rho V^2 C_D S$ **，同學必須注意。**

四、飛機的推力

（一）發生原因（牛頓第三運動定律）

所謂牛頓第三定律是說作用在物體上的力都有大小相等，方向相反的作用力與反作用力，當飛機藉由發動機產生噴射氣流對空氣施力，空氣會對飛機產生一大小相等，方向相反的反作用力，因而產生推力。

（二）渦輪噴射發動機之推力公式

1. **淨推力公式**：$T_n = \dot{m}_a(V_j - V_a) + A_j(P_j - P_{atm})$

2. **總推力公式**：$T_g = \dot{m}_a(V_j) + A_j(P_j - P_{atm})$

3. **公式各項所代表的意義**

（1）T_n ：**淨推力**

（2）T_g ：**總推力**

（3）$\dot{m}_a$ ：**空氣的質流率**

（4）V_j ：**引擎的噴射速度**

（5）V_a ：**空速**

（6）A_j ：**引擎噴嘴的出口面積**

（7）P_j ：**引擎噴嘴出口的壓力**

（8）P_{atm} ：**周遭的大氣壓力**

4. **淨推力與總推力相等的情況**：當空速（V_a）等於 0 時，也就是飛機在地面試車或引擎在試車臺試車時。

（三）影響噴射發動機推力之因素

1. **轉速：**轉速與推力成正比，即推力之大小由油門控制。轉速愈高，推力增加愈速。由於噴射發動機轉速對推力之影響與活塞發動機推力特性不同。當低轉速時，轉速稍增，推力增加甚微。但在高轉速時，油門稍增，推力將增加甚多。故噴射發動機多在高轉速下運轉。一來可發揮其效率，二來可節省燃料。
2. **高度：**推力與高度成反比，當高度增加時，由於氣壓降低，空氣密度減小，故推力低，但高度增加，空氣阻力亦因空氣稀薄而降低，不致影響飛機速度，故噴射飛機多在高空以高速飛行，以增加效率。
3. **氣溫：**推力與大氣溫度成反比，溫度增高，空氣密度減少，推力降低，故熱帶起飛需較長跑道。
4. **氣壓：**推力與大氣壓力成正比。氣壓增加，空氣密度增加，推力增大，所以發動機在海平面高度操作時可輸出最大推力。低空大氣壓力大，推力大，但空氣阻力也是最大，所以耗油量亦增加，故噴射機低空飛行較耗油。
5. **排氣速度與飛機速度：**排氣速度大，則推力大，故有後燃器之裝置。假設排氣速度不隨飛機速度變化，當飛機速度增加時，推力反而減少（Vj-Va 之差值愈小），但由於空氣之衝壓效應影響，空氣流量亦隨飛機速度增加而增加，燃燒室可燃燒更多燃油，故造成推力大致不變。
6. **進氣口與排氣口面積：**噴射發動機在運用上，須大量進氣獲得推力。如進氣口狹小，進氣不足，必影響推力，故在進口設有防冰裝置，避免高空飛行時，進氣口結冰而減少進氣口面積。排氣口面積直接影響排氣度，當高度突然增加至數萬呎，空氣稀薄，為避免排氣溫度超過極限，必須減速，但推力將有損失，近代尾管面積多為可調者。俾控制尾管溫度，使發動機保持最佳效率。
7. **濕度：**濕度大，即空氣中含水蒸汽較多，空氣密度小，發動機推力亦減少，反之推力較大。

【範例（民航特考考題）】

試列舉影響噴射發動機推力之因素。

解答

影響噴射發動機推力之因素大抵可分成轉速、高度、氣溫、氣壓、排氣速度與飛機速度、進氣口與排氣口面積以及濕度等七大因素。

【範例（民航特考考題）】

試說明高度、密度、氣溫、氣壓以及飛機速度對噴射發動機推力之影響

解答

請參照「影響噴射發動機推力之因素」內容說明。

（四）飛機在平飛時不同的推力分類

1. **需求推力（Required Thrust）**：飛機在特定高度下平飛時所需要的推力，此時飛機所需的推力等於阻力。
2. **可用推力（Available Thrust）**：飛機在特定高度下平飛，不同空速下發動機所能提供的最大推力值。
3. **剩餘推力（Excess thrust）**：飛機可用推力減去需求推力後的剩餘推力值。

【範例（民航特考觀念題）】

試問需求推力（Required Thrust）、可用推力（Available Thrust）以及剩餘推力（Excess）三者之間的關係為何？

解答

剩餘推力=可用推力－需求推力。

【範例（民航特考觀念題）】

請問飛機在巡航飛行時，需求推力（Required Thrust）如何計算？

解答

所謂需求推力（Required Thrust）是指飛機在特定高度下平飛時所需要的推力，此時飛機所需的推力等於阻力。所以飛機在巡航飛行時，需求推力是以 $D=\frac{1}{2}\rho V^2 C_D S$ 計算，在此 D、ρ、V、C_D、S 分別為阻力、空氣密度、空氣速度、阻力係數與機翼面積。

五、飛機機動

飛機的飛行狀態（速度、高度和飛行方向）隨時間變化的飛行動作，我們稱之為機動。飛機在單位時間內改變飛行狀態的能力稱機動性。飛機則飛機的機動性就越好，這是評價軍用飛機性能優劣的主要指標之一。飛機在機動飛行時，若做向上或在水平面內彎曲向左或向右，升力應大於飛機重力。通常把機動飛行時飛機升力與飛機重力的比值稱為法向負載。機動性能高的飛機能承受較大的負載。航跡彎曲向下時，法向負載小於 1。

六、負載因子（Load Factor；LF）

（一）定義

負載因子（Load Factor；LF）即是飛機機翼支持的重除以飛機本身的重量。飛機在等速等高同水平的飛行時，其負載因子為 1，但當飛機在作一曲線或轉圈時，另一種力量，即是離心力會加諸在機翼上，即是飛機機翼必須負擔機身本身重量外，還必須要加負擔上因曲線或轉圈時所產生的離心力。因此飛機在做曲線或轉圈運動的飛行時，其負載因子是大於 1 的。通常負載因子是以“g”來表示，此地“g”即是地球的重力加速度。**所以我們可以把負載因子（Load Factor；LF）定義為機翼承受的負載除以飛機總重或實際負載與重力的比值。**

（二）公式

$$負載因子(LF) \equiv \frac{機翼承受的負載}{重力}$$

（三）飛機在轉圈時，負載因子的計算

如圖六十三所示

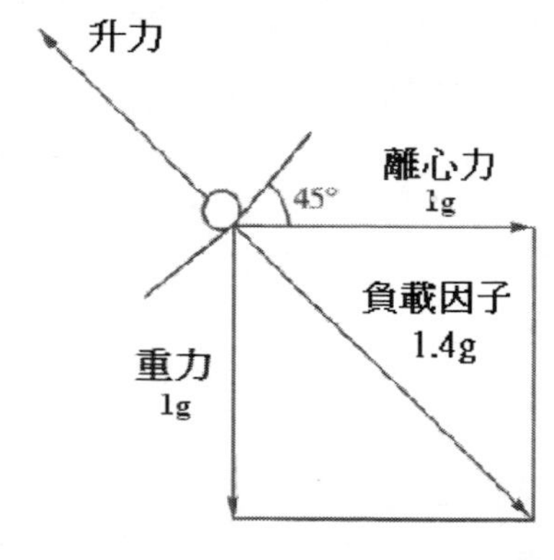

側飛角	負載因子(LF)
0°	1
20°	1.06
30°	1.15
45°	1.41
60°	2.0
80°	5.75

圖六十三

（四）飛機在做圓周運動時，負載因子的計算

當飛機從升力等於重力（L=W）的平飛狀態突然向上拉高（pullup）做鉛垂面的圓周運動時，機翼所承受的負載為重力加上離心力（$\frac{mV_\infty^2}{R}=\frac{WV_\infty^2}{Rg}$）。

所以負載因子（Load Factor；LF）為 $LF=\frac{W+\frac{WV_\infty^2}{Rg}}{W}=1+\frac{V_\infty^2}{Rg}$

【範例（民航特考考題）】

何謂負載因子（Load Factor；LF）？

解答

所謂負載因子（Load Factor；LF）即是飛機機翼支持的重除以飛機本身的重量。所以我們可以把負載因子（Load Factor；LF）定義為機翼承受的負載除以飛機總重或實際負載與重力的比值。

【範例（民航特考考題）】

飛機在巡航飛行時，負載因子為何？

解答

因為負載因子（Load Factor；LF）即是飛機機翼支持的重除以飛機本身的重量。飛機在巡航飛行時，升力等於重力，所以負載因子等於1。

七、G 力

（一）定義

當飛機改變慣性，如加減速或是進行非直線動作時即會產生正或負的 G 力。在航空界中，我們定義 1G 定義為航空機在海平面飛行時的升力和受到地球引力而往下吸引的力量相平衡時的值，**一般而言，我們定義 G 力為飛機所承受的加速度與重力加速度的比值**。

（二）G 力的正負

飛機**所承受**的 G 力與飛機原有的位置及方向有關，當飛機加速、攀升或進行非直線的運動時，就會產生正 G 力。相對的，當飛機減速或下降時，就會產生負 G 力。

（三）G 力所造成的影響

其實在生活中隨時都會產生額外 G 力，但是多半因為過於微小因此往往被忽略，若要明顯體驗則可利用高速的器材或交通工具，例如雲霄飛車或高速鐵路，但此類方式所產生的 G 力仍舊在一般人體的可承受範圍之內，而對於隨時在進行超高速動作的飛行員而言，G 力卻是不可忽視的一個重要關鍵，且往往決定生死。首先是飛行器的組件，包括蒙皮、剛性結構及接合點皆有可能因為超高或長期的 G 力之影響，而產生材質疲勞或劣化，極有可能會造成損壞而導致嚴重後果，甚至是支撐不住而在空中解體。一般而言，正常狀態下的人體所能承受的最大極限為正 9G 到負 3G 之間，而當正 G 力越大時，血液會因壓力而從頭部流向腿部而使腦部血液量銳減，此時二氧化碳濃度會急遽增加，並因缺血缺氧而影響視覺器官造成所謂的「黑視症」（Blackout）。反之，當負 G 力過大時，身體的血液會反向的由下往腦部集中，造成腦部充血危及微血管，同時眼球也因過度充血而使得進入的光線都呈現血液色，稱為「紅視症」（Redout）。一般來說，短暫的「紅視症」與「黑視症」只是人體自我保護機制產生的警訊，用以警告人體已經瀕臨極限，倘若繼續維持甚至增加 G 力，腦部將再因保護機制而關機：昏厥，此時飛機會有極度危險。除此之外，當 G 力超過人腦所能負荷極限時，則人腦將因長時間過度缺氧或充血的血管破裂而造成永久性傷害，最嚴重的即是因為腦部嚴重損壞而造成死亡，或是脆弱的內部組織因持續遭受高 G 力而產生破裂，造成嚴重出血並危及生命。另外根據研究，許多飛航意外喪生的乘客，都是因為墜落過程或觸地一瞬間產生的強大 G 力即已死亡，而非之後的災難（火災、壓迫……）而導致死亡。

（四）抵抗或避免的方法

1. **抗 G 衣**：目前最有效也最普遍的減緩方式是抗 G 衣，當高正 G 力產生時，飛行員所穿著的抗 G 衣即會在四肢充氣增加壓力藉以逼使血液迴流至腦部。
2. **自我監測微調或利用液壓控制**：一般的抗 G 衣會因手部末端充氣而導致無法精準操控，因此部分新式抗 G 衣增加自我監測微調或利用液壓而達到精準的血液流量控制。
3. **盡量避免大動作飛行**：如上所述，當飛機改變慣性進行大動作的飛行，即會產生很大的 G 力（正 G 力或負 G 力），所以盡量避免大動作飛行可以避免飛機飛行時機體與人員的危害。事實上民航機進行大動作飛行的時機幾乎是沒有，而戰鬥機多發生在迎敵纏鬥或躲避飛彈的時刻，才會進行大動作的飛行。
4. **動態恢復**：動態恢復是現在正研究的一種輔助方式，系統隨時監測飛行員的生理狀態，當飛行員陷入昏厥時系統自動接手飛行器，將飛行器校正至 G 力較小的狀態，同時利用刺激裝置（電擊、嗅覺……）使飛行員清醒。

【範例（民航特考考題）】

何謂G力？

解答

一般而言，我們定義G力為飛機所承受的加速度與重力加速度的比值。

【範例（民航特考考題）】

試述抵抗或避免G力影響的方法？

解答

一般而言，目前抵抗或避免G力影響的方法有1.抗G衣，2.自我監測微調或利用液壓控制，3.盡量避免大動作飛行，4.動態恢復等四種方法。

八、飛機起飛與降落的運動方程式

一般人都以為飛機起飛時機頭是向上，而降落時機頭是向下，這是不對的觀念，飛機起飛與降落時，機頭都是向上。飛機起飛時機頭向上，是為了增加升力，而飛機降落時機頭向上，是為了增加阻力，此二者乃是為了減少起飛與降落的距離，其升力、阻力、推力與重力間的關係如圖六十四所示。

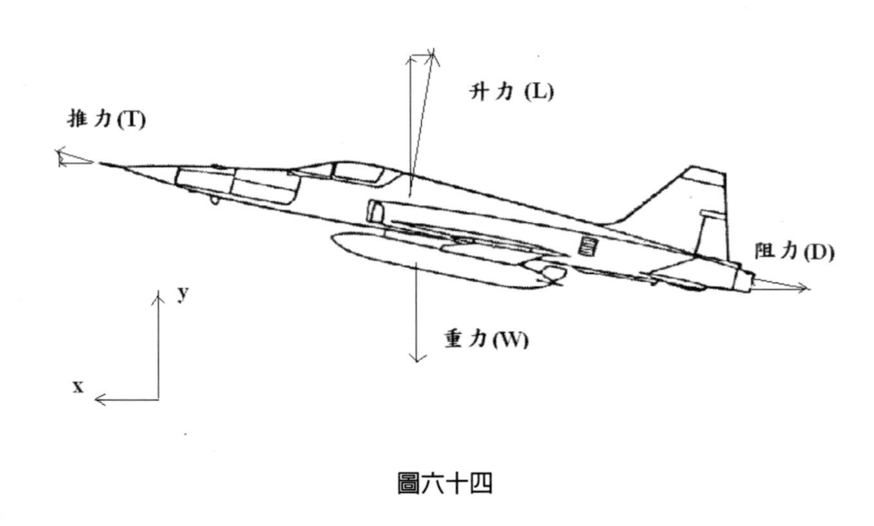

圖六十四

從圖六十四中我們可以看出飛機起飛與降落的運動方程式為

$$F_x = T\cos\theta - L\sin\theta - D\cos\theta$$

$$F_y = T\sin\theta + L\cos\theta - D\sin\theta - W$$

【範例（民航特考考題）】

試列出飛機起飛時的運動方程式。

解答

一、請先繪出圖六十四後再做說明。

二、從圖六十四中我們可以看出飛機起飛運動方程式為

$$F_x = T\cos\theta - L\sin\theta - D\cos\theta$$

$$F_y = T\sin\theta + L\cos\theta - D\sin\theta - W$$

在此θ為飛機起飛時與地面的角度

PS：在題目，θ為飛機起飛時與地面的角度，而非飛機起飛時的攻角，請同學千萬不要搞錯。

第十一章

飛機的平衡與穩定

本章主要是從平衡與穩定的觀點，探討飛機在飛航過程的運動與控制，讓同學對飛機的飛航過程能更進一步的認識。說明如下：

一、飛機的配平（Trim）

（一）定義

所謂配平（Trim）就是利用裝置對操作面（副翼、升降舵、方向舵）進行微調，來達到穩定航機的姿態及航向的目的，這樣可以降低飛行員調整或保持希望的飛行姿態所需的力量。

（二）配平的條件

根據 JANE'S Aerospace Dictionary 對 Trim 的解釋：「若飛機作穩定飛行時，它的配平條件是飛機對飛機重心的全部殘餘力矩等於零的情況。當飛機在巡航時處於平衡（配平，trim）狀態，此時升力等於重力，推力等於阻力，合力矩為零，此時飛機以等速、等高度的直線飛行。」，如果飛機飛行時未滿足配平條件，則該飛機可能會產生俯仰（Pitch）、翻滾（Roll）或偏航（Yaw）的情況，此時就需要靠飛機配平（Trim）加以修正。

【範例（民航特考考題）】

試述飛機的配平（Trim）的定義與功能。

解答

一、配平的定義：所謂配平（Trim）就是利用裝置對操作面（副翼、升降舵、方向舵）進行微調，來達到穩定航機的姿態及航向的目的。

二、配平的目的：主要是藉以減少飛行員調整或保持希望的飛行姿態所需的力量，降低其操作負擔。

二、穩定的定義

所謂飛行穩定的定義是指飛機受到擾動之後，能夠產生一股力量，且很快地使之恢復原狀的趨勢。為了安全的飛行任何飛行物體皆必須具備穩定的性質，藉由不同性能的設備及駕駛員的操作可以使飛行物由不穩定的狀況回復到穩定的情況。穩定的情況可分成靜態穩定與動態穩定，茲分述如下：

（一）平衡狀況（State of Equilibrium）

要了解靜態穩定與動態穩定的定義。首先我們要知道飛機的平衡狀況（State of Equilibrium），即是此物體所有之外力及力矩之總和為零。此時飛機為靜止或是作等速等高之穩定飛行。這時此飛機沒有加速度因為沒任何多餘的外力作用於飛機上。

（二）靜態穩定（Static Stability）

所謂之靜態穩定對飛機而言，即是受到干擾打破原來的平衡狀況時，有回到原來的平衡狀況的趨勢，又稱之為正性穩定（Positive Static Stability）。如繼續不平衡的狀況或是不可能回到原來的平衡狀況時，稱之為負性靜態穩定（Negative static stability）或乾脆稱之為靜態不穩定（Static Instability），其現象如圖六十五所示。

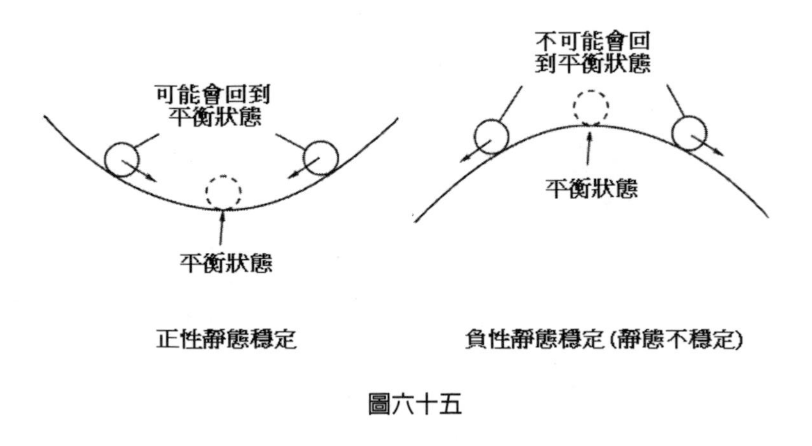

圖六十五

（三）動態穩定（Dynamic Stability）

前面談到的靜態穩定並不涉及物體的振動（Vibration）或是搖動（Oscillation），只是看看物體受到干擾後是否有「能回到原來位置的趨勢」而已，而談到動態穩定則涉及到物體的運動或是振動。動態穩定可分成三種情況，假設一個運動中的物體，在受到干擾後，產生了振動（Vibration）或是搖動（Oscillation）的現象。假如此物體有能力使這些初始振動之振幅（Displacement）隨時間增長而消失或減小，我們稱之為正性動態穩定（Positive Dynamic Stability），若振幅隨時問之增長而保持不變，則稱之謂中性動態穩定（Neutral Dynamic stability）。若振幅隨時間而漸增大則稱之為負性動態穩定（Negative Dynamic stability），其現象如圖六十六所示。

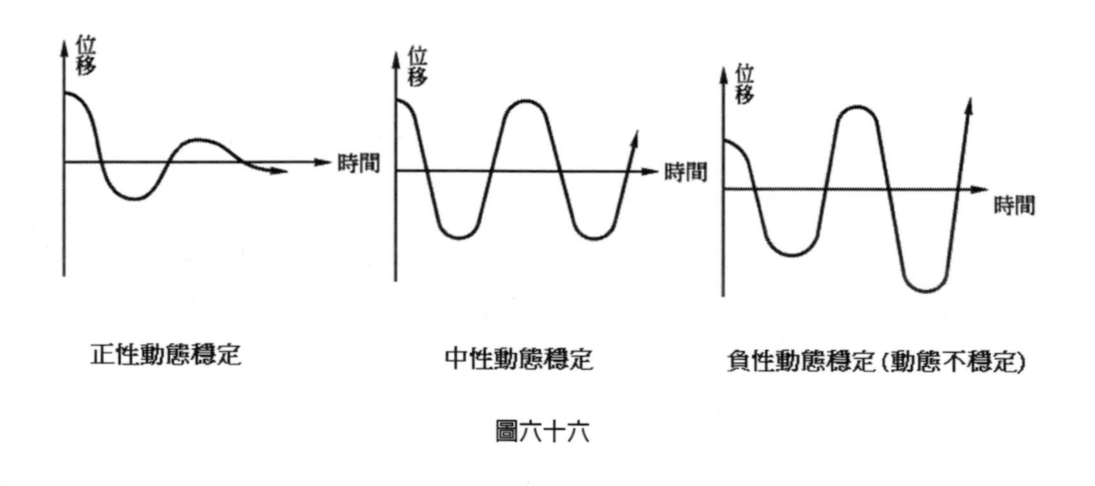

圖六十六

【範例（民航特考觀念題）】

試述飛機平衡的條件。

解答

飛機的平衡條件即是指此飛機所有之外力及力矩之總和為零。

【範例（民航特考考題）】

試述飛機靜態穩定（Static Stability）的定義。

解答

所謂之靜態穩定對飛機而言，即是指受到干擾（例如亂流或陣風）打破原來的平衡狀況時，有回到原來的平衡狀況的趨勢。靜態穩定並不涉及振動（Vibration）或是搖動（Oscillation），只是看看物體受到干擾後是否有「能回到原來位置的趨勢」而已。

【範例（民航特考考題）】

試述飛機穩定（Stability）的定義。

解答

所謂飛行穩定的定義是指飛機受到擾動之後，能夠產生一股力量，且很快地使之恢復原狀的趨勢。為了安全的飛行任何飛行物體皆必須具備穩定的性質，藉由不同性能的設備及駕駛員的操作可以使飛行物由不穩定的狀況回復到穩定的情況。穩定性分為靜態和動態兩種。一架靜態穩定的飛機，當它因為擾動而偏離平衡點時，會有自己向平衡點回復的趨勢，接下來就有如簡諧運動，飛機會在平衡點附近來回擺盪。這時就必須看動態穩定性，如果是動態穩定的飛機，那麼除了向平衡點回復之外，在平衡點附近擺盪的幅度也會逐漸減小。

三、重心（CG，Center of Gravity）的定義

飛機各部分重力的合力的作用點，稱為飛機的重心。重力作用力點所在的位置，叫重心位置。重心具有以下特性：

1. 飛機在飛行中，重心位置不隨姿態改變。
2. 飛機在空中的一切運動，無論怎樣錯綜複雜，總可以將其視為隨著飛機重心移動或繞著飛機重心的轉動。

【範例（民航特考考題）】

試述重心（CG，Center of Gravity）的定義。

解答

如上所述。

四、六個自由度的觀念

如前所述，當飛機在巡航時所處的條件是飛機對飛機重心的全部殘餘力矩等於零，但在空中仍會碰到亂流（Turbulence）或陣風（Wind gust）產生不穩定情況而改變飛行狀態，如圖六十七所示，飛機是三度空間的自由體，所以有六個自由度，簡單來說就是沿三個坐標軸的移動和繞三個坐標軸的轉動。從圖六十七中，我們可以看出縱軸（Longitudinal axis）、側軸（Lateral axis）與垂直軸（Vertical axis）之定義，而在圖中所謂俯仰（Pitch）是指飛機上下移動，偏航（Yaw）是指飛機左右移動，滾轉（Roll）是指飛機的翻轉運動。這三種運動分別是由升降舵（Elevator）、方向舵（Rudder）與副翼（Airelon）來加以控制，由於副翼、方向舵與升降舵控制著飛機飛行的運動情形，所以我們將其三者合稱為飛機的控制面。

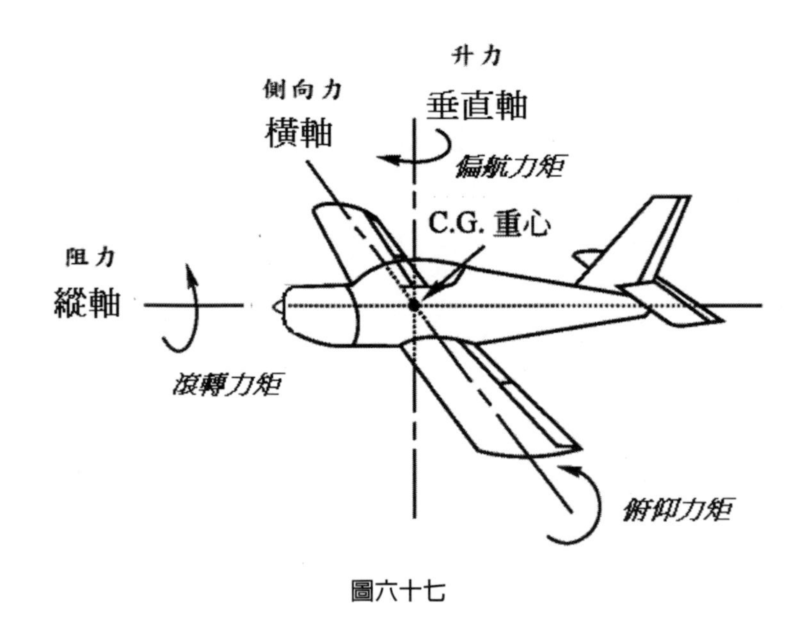

圖六十七

五、三軸穩定的定義

討論飛機的穩定時，不是討論在此三軸上旋轉的問題，而是討論在此三軸上移動（Movement）的問題，這個觀念在民航特考中非常的重要，學生千萬不要攪混。縱軸穩定（Longitudinal stability）是討論縱軸上外力的平衡問題。側軸穩定（Lateral Stability）是討論在側軸上外力分佈情況，方向穩定（Directional stability）是討論在垂直軸上之穩定情況。更詳細的說，所謂的「縱軸穩定」也就是讓飛機有能力不因為陣風或擾動令飛機產生俯仰（Pitch）的情況（Tendency to Correct Pitch）。所謂的「側軸穩定」也就是讓飛機有能力不因為陣風或擾動令飛機產生翻滾（Roll）的情況（Tendency to Correct Roll）。而所謂的「方向穩定」是指飛機在垂直軸方向的穩定也就是讓飛機有能力不因為陣風或擾動令飛機產生偏航擺頭的不穩定情況（Tendency to Correct Yaw）。

【範例（民航特考觀念題）】

試述飛機飛行時，縱軸（Longitudinal axis）、側軸（Lateral axis）與垂直軸（Vertical axis）的意義。

解答

一、建議請先繪出圖六十七再做說明。

二、（1）縱軸：所謂縱軸是指飛機從機頭至機尾所形成的直線。

（2）側軸：所謂側軸是指飛機從左翼尖穿過機身到右翼尖所形成的直線。

（3）垂直軸：所謂垂直軸是指通過飛機重心與飛機成垂直的直線。

【範例（民航特考觀念題）】

試說明所謂俯仰（Pitch）、偏航（Yaw）以及滾轉（Roll）之意義。

解答

所謂俯仰（Pitch）是指飛機上下移動；偏航（Yaw）是指飛機左右移動；滾轉（Roll）是指飛機的翻轉運動。

【範例（民航特考觀念題）】

試說明所謂滾轉力矩（Rolling moment）、俯仰力矩（Pitching moment）以及偏航力矩（Yawing moment）之意義。

解答

所謂滾轉力矩（Rolling moment）是繞著縱軸（Longitudinal axis）旋轉的力矩；俯仰力矩（Pitching moment）是繞著側軸（Lateral axis）旋轉的力矩；偏航力矩（Yawing moment）是繞著垂直軸（Vertical axis）旋轉的力矩。

【範例（民航特考觀念題）】

試述飛機飛行時，縱軸穩定（Longitudinal stability）、側軸穩定（Lateral Stability）與方向穩定（Directional stability）的意義。

解答

所謂的「縱軸穩定」也就是讓飛機有能力不因為陣風或擾動令飛機產生俯仰（Pitch）的情況（Tendency to Correct Pitch）。所謂的「側軸穩定」也就是讓飛機有能力不因為陣風或擾動令飛機產生翻滾（Roll）的情況（Tendency to Correct Roll）。而所謂的「方向穩定」是指飛機在垂直軸方向的穩定也就是讓飛機有能力不因為陣風或擾動令飛機產生偏航擺頭的不穩定情況（Tendency to Correct Yaw）。

六、保持飛機三軸穩定的方法

如前所述，飛機在空中會碰到亂流（Turbulence）或陣風（Wind gust）產生不穩定情況而改變飛行狀態，甚至偏離航向，如何讓飛機在受到干擾後能具備回到原來位置的趨勢是在飛機設計中相當重要的課題，其方法列舉如下：

（一）縱軸（俯仰）穩定（Longitudinal Stability）

讓飛機具備縱軸穩定的方法計有水平安定面與調整飛機的配重等方法。

（二）側軸穩定（Lateral Stability）

讓飛機具備側軸穩定的方法計有上反角（Dihedral Angle）與後掠角（Sweep Angle）等方法。

（三）方向穩定（Directional Stability）

讓飛機具備方向穩定的方法計有垂直安定面與後掠角（Sweep Angle）等方法。

【範例（民航特考考題）】

試列舉保持飛機三軸穩定的方法。

解答

如上所述。

七、保持飛機三軸穩定方法的原理

（一）縱軸（俯仰）穩定（Longitudinal Stability）

1. **水平安定面**：在飛機裝設水平安定面（Horizontal Stabilizer）能讓飛機具備縱軸（俯仰）方向的正向靜穩定的功能，其原理是當飛機下俯時，自由流在水平安定面產生一個向下的力矩，使機頭拉高，所以使飛機產生一個向上轉動的趨勢而恢復原狀。反之，同理。
2. **調整飛機的配重**：傳統飛機的穩定性設計，使飛機的空氣動力中心（或升力中心）作用於飛機的重心後面，如此的設計可使飛行攻角增大，升力增加的同時，飛機隨即產生一個「下俯」的力矩，以穩定飛行姿態避免飛機攻角持續增大，如此的設計可使當飛機飛行的攻角增大，升力增加時，有回到原來的平衡狀況的趨勢。除此之外，利用控制面所附加的補助力使飛機的空氣動力中心（或升力中心）作用於飛機的重心後面，讓飛機在縱軸（俯仰）方向的振動或是擾動隨時間增長而消失或減小達到縱軸（俯仰）方向的正性動態穩定的狀態。

【範例（民航特考考題）】

試述飛機保持縱向動態穩定的方法？

解答

利用控制面所附加的補助力使飛機的空氣動力中心（或升力中心）作用於飛機的重心後面，讓飛機在縱軸（俯仰）方向的振動或是擾動隨時間增長而消失或減小達到縱軸（俯仰）方向的正性動態穩定的狀態。

（二）側軸穩定（Lateral Stability）

1. **上反角：**所謂上反角（Dihedral Angle）是機翼的側角對水平方向而言，另外所謂正上反角（Positive Dihedral）是翼尖高於翼根的水平面，而負上反角（Negative Dihedral）是翼尖低於翼根的水平面，機翼的升力（Lift）是當機翼水平時最大，即上反角等於零時，而當上反角增加時，機翼上之升力會減小，如圖六十八所示。當飛機開始有側軸不穩定現象時，即開始有翻滾動作時，此時飛機的右翼之升力較大，而左翼因上反角增大而升力減低，如此則有一力矩使飛機恢復原狀，即消去向右轉動的趨勢，而因兩側的升力相差，可以將飛機向左轉動而恢復原狀。這個就是因上反角而產生升力而保持了側軸穩定（Lateral Stability）的原理。

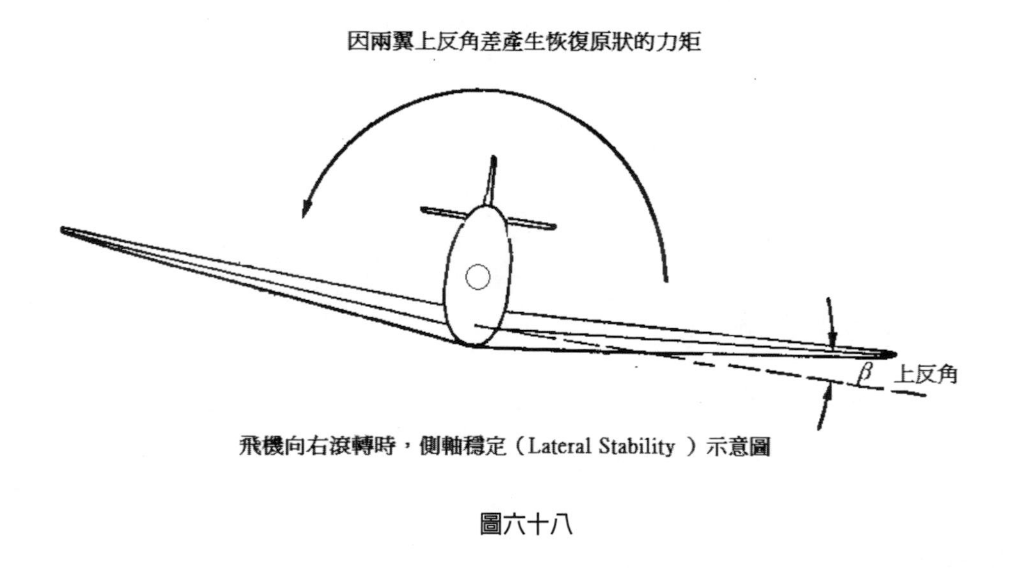

圖六十八

2. **後掠角：**機翼的後掠角對側軸穩定作用與上反角相似，也是因後掠角使得機翼之攻角（Angle of Attack）增加而致使升力也增加，如此產生了兩翼之升力差，而產生了相反的翻滾趨勢，而消去了原生的翻滾（Tendency to Correct Roll）。

（三）方向穩定（Directional Stability）

1. **垂直安定面**：在飛機裝設垂直安定面（Vertical stabilizer）能讓飛機具備垂直軸（偏航）方向的正向靜穩定的功能，其原理是當飛機向左時，自由流在垂直安定面產生一個向左的力矩，使機頭向右，所以使飛機產生一個向右轉動的趨勢而恢復原狀。反之，同理。
2. **後掠角**：如圖六十九所示，機翼的後掠角對方向穩定的原理主要是由於兩翼因後掠之故而產生不同阻力的關係而產生一個反偏航方向的運動而恢復原狀。

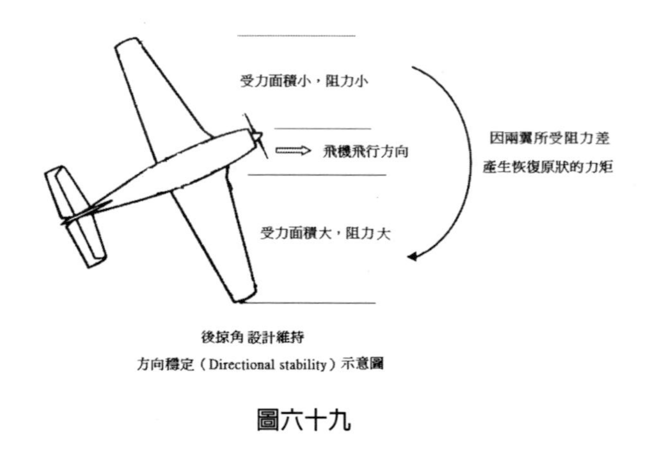

圖六十九

【範例（民航特考考題）】

何謂上反角（Dihedral Angle）？

解答

一、建議請先繪出圖六十八後再做說明。

二、為了使飛機在側滾時能產生扶正機身的力矩而使機翼微微上翹的角度稱為上反角（Dihedral Angle）

【範例（民航特考考題）】

試述上反角（Dihedral Angle）與升力的關係？

解答

機翼的升力（Lift）是當機翼水平時最大，也就是上反角等於零時，而當上反角增加時，機翼上之升力會隨之減小。

【範例（民航特考考題）】

試述上反角（Dihedral Angle）保持側軸穩定（Lateral Stability）的原理。

解答

一、建議請先繪出圖六十八後再做說明。

二、由於機翼上反角增加時，機翼上之升力會隨之減小，所以當飛機受到鎮干擾（例如亂流或陣風）產生側滾運動時，由於機翼產生了升力差，而產生了扶正機身的恢復力矩（Restoring Moment）。

【範例（民航特考考題）】

何謂後掠角？

解答

所謂後掠角是弦長 1/4 與翼根弦長垂直線的夾角。

【範例（民航特考衍生考題）】

試述後掠角保持方向穩定（Directional stability）的原理。

解答

一、建議請先繪出圖六十九後再做說明。

二、後掠角對方向穩定的原理主要是由於機翼因後掠之故，所以在受到干擾（例如亂流或陣風）時會造成兩翼迎風的受力面積差，因而導致兩翼的阻力差，而產生一個反偏航方向的運動而恢復原狀。

第十二章

航空發動機

本章主要是針對航空發動機加以介紹，其主要的目的是讓同學對飛機產生推力的裝置與原理能有初步的認識，說明如下：

一、航空發動機的功能

航空發動機是飛機產生動力的核心裝置，其主要的功能是用來產生或推力克服與空氣相對運動時產生的阻力使飛機起飛與前進。其次還可以為飛機上的用電設備提供電力，為空調設備等用氣設備提供氣源。

二、航空發動機的分類

（一）分類

如圖七十所示，說明如後：

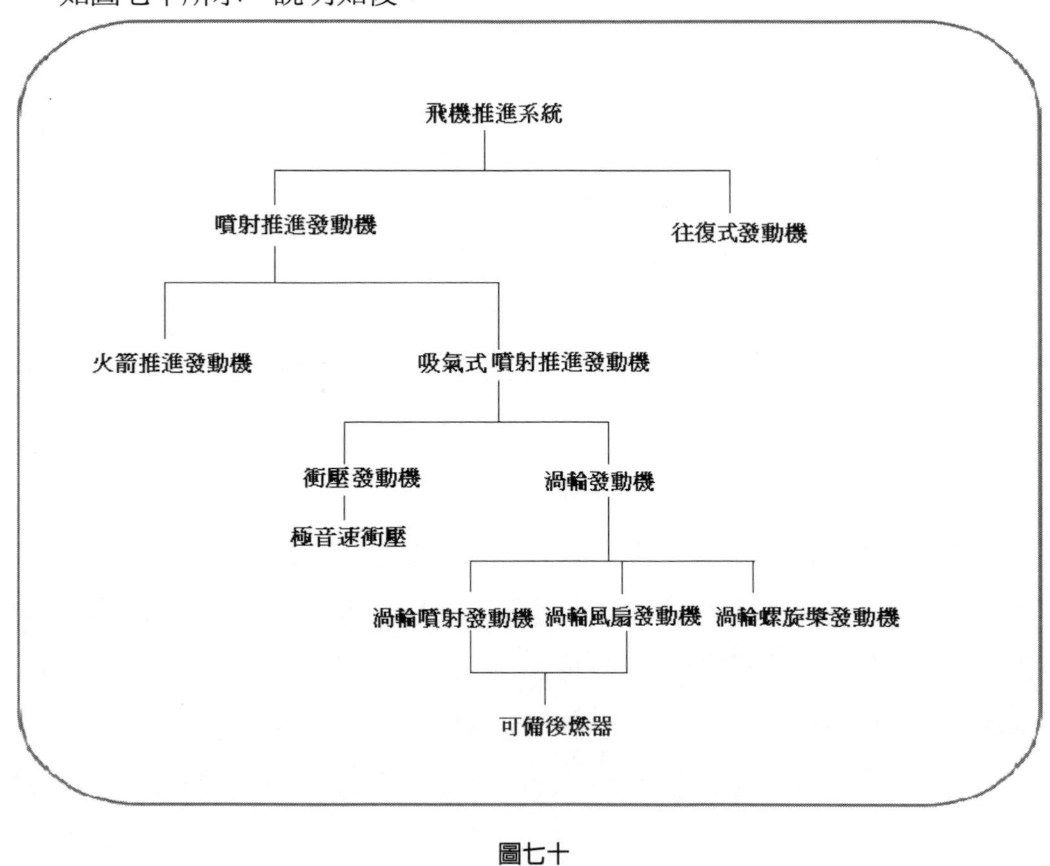

圖七十

（二）分類說明

1. **依據產生動力的大小來分類**：發動機依據產生動力的大小來分類可區分成活塞式發動機與噴射推進式發動機二種，活塞發動機通常是指使用往復式活塞輸出軸功為主的內燃機，所以又稱往復式發動機，發動機本身並非完整的航空動力設施，一般需組合空氣螺旋槳，其構造圖如圖七十一所示。從 1903 年萊特兄弟完成了世界上第一次動力飛行至第二次世界大戰之前，飛機上的動力裝置幾乎都是由往復式發動機搭配螺旋槳來組成，但是由於往復式發動機所產生的推力過小，所以逐漸被渦輪發動機所取代，現在僅用於小型飛機或直昇機。

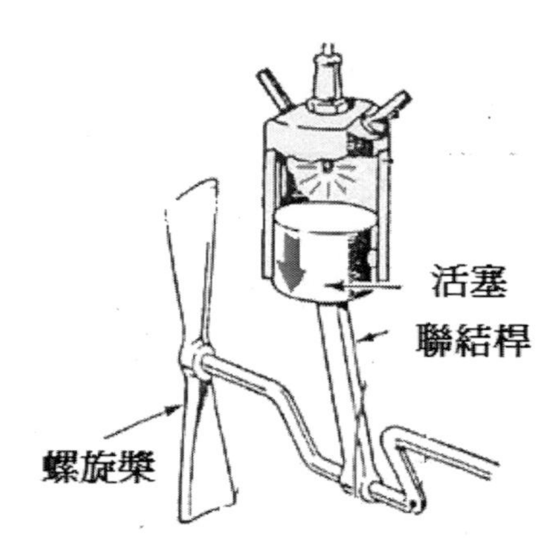

往復式(活塞)發動機構造示意圖

圖七十一

2. **依據燃燒是否仰賴空氣來分類**：我們知道燃燒的三要素：空氣（或氧化劑）、燃料與溫度。噴射推進發動機主要是產生高速氣流將其推送至飛機後方藉以產生反作用力的方式來獲得推力，其依據燃燒是否仰賴空氣來分類可區分成火箭推進式發動機與吸氣式噴射推進發動機二種。吸入空氣方能運作的發動機簡稱為吸氣式發動機，其無法到稠密大氣層之外的空間運作。火箭推進式發動機是一種不依賴空氣就可以運作的發動機，太空飛行器由於需要飛到大氣層外，所以必須安裝此種發動機。
3. **依據是否有壓縮機來分類**：普通大氣壓力的空氣摻和燃油之混合氣，點燃後產生的燃氣膨脹的程度不足作有用的功推動航空器，空氣經加壓，然後摻和燃油，點燃後的燃氣才能使引擎順利工作。引擎施於空氣的壓縮力愈大，所產生的動力或推力也愈大。吸氣式噴射推進發動機依據是否有壓縮機來分類可區分成衝壓噴射發動機（Ramjet Engine）與渦輪發動機（Turbine Engine）二種。衝壓噴射發動機（Ramjet Engine）的特點是無壓縮機和燃氣渦輪，進入燃燒室的空氣是利用高速飛行時的衝壓作用來增壓的。它無法在靜止狀態中操作運轉，必須在 0.2 馬赫以上之速度方可使用。主要使用於超音速飛行之航空（速度可達 Mach3～5），大部份適用於飛彈。渦輪發動機可分成渦輪噴射發動機（Turbojet Engine）、渦輪螺旋槳發動機（Turboprop Engine）以及渦輪風扇發動機（Turbofan Engine）三種類型。渦輪噴射發動機的優點是具高空運轉的特徵；其缺點是無法要求其在低速時產生大推力。中、低空高度及次音速之空速下可產生較大的推力（空速為 0.5 馬赫時，其推進效率極佳）；其缺點是隨著飛行速度增加，而使阻力大增，則會造成飛行上之瓶頸。渦輪螺旋槳發動機的優點是兼具渦輪噴射與渦輪螺旋槳發動機之優點，可具有渦輪螺旋槳發動機於低空速之良好操作效率與高推力，同時兼具渦輪噴射發動機之高空高速性能，所以逐漸成為現代民航機與戰機的新主流。

【範例（民航特考考題）】

試述渦輪發動機（Turbine Engine）的種類。

解答

渦輪發動機可分成渦輪噴射發動機（Turbojet Engine）、渦輪螺旋槳發動機（Turboprop Engine）以及渦輪風扇發動機（Turbofan Engine）三種類型。

【範例（民航特考衍生考題）】

試述衝壓噴射發動機（Ramjet Engine）的基本架構與渦輪噴射發動機（Turbojet Engine）的差異，並討論其為何不能在靜止狀態中操作運轉。

解答

一、衝壓噴射發動機與渦輪噴射發動機的最大差異是無壓縮機和燃氣渦輪。

二、因為普通大氣壓力的空氣摻和燃油之混合氣，點燃後產生的燃氣膨脹的程度不足作有用的功推動航空器，所以必須使用壓縮機將輸入發動機的空氣先行壓縮才能產生有用的功推動航空器，所以衝壓噴射發動機不能在靜止狀態中操作運轉，它必須利用高速飛行時的衝壓作用來達到增壓的目的。

【範例（民航特考考題）】

試述渦輪噴射發動機（Turbojet Engine）的優缺點。

解答

渦輪噴射發動機的優點是具高空運轉的特徵；其缺點是無法要求其在低速時產生大推力。

【範例（民航特考衍生考題）】

試述渦輪螺旋槳發動機（Turboprop Engine）的優缺點。

解答

渦輪螺旋槳發動機的優點是中、低空高度及次音速之空速下可產生較大的推力（空速為 0.5 馬赫時，其推進效率極佳）；其缺點是隨著飛行速度增加，而使阻力大增，則會造成飛行上之瓶頸。

【範例（民航特考衍生考題）】

試述渦輪螺旋槳發動機（Turboprop Engine）不裝用後燃器的原因為何？

解答

因為渦輪螺旋槳發動機（Turboprop Engine）隨著飛行速度增加，而使阻力大增，會造成飛行上之瓶頸，所以不裝用後燃器。

三、發動機的性能參數

（一）推力重量比（Thrust-weight ratio）

是表示發動機單位重量所產生的推力，簡稱為推重比，是衡量發動機性能優劣的一個重要指標，推重比越大，發動機的性能越優良。

（二）燃油消耗率（Specific thrust；SFC）

又稱為單位推力小時耗油率，是指耗油率與推力之比，公制單位為 kg/N-h，愈小者愈省油。

PS1：在實際應用中，燃油消耗率（SFC）往往指的不是燃料的自身，而是評量發動機系統優劣的依據。因為燃油消耗率的大小與氧化劑配比、系統設計的優劣程度以及噴口外界環境（壓力）有關。

PS2："TSFC"常簡化為"SFC"，指的是「特定燃油消耗率」。

（三）壓縮比（Compression ratio）

被壓縮機壓縮後的空氣壓力與壓縮前的壓力之比值，通常愈大者性能愈好。

（四）平均故障時間（Mean Time Between Failure；MTBF）

每具發動機發生兩次故障的間隔時間之總平均，愈長者愈不易故障，通常維護成本也愈低。

（五）旁通比（bypass ratio）

即渦輪風扇發動機外進氣道與內進氣道空氣流量的比值。內進氣道的空氣將流入燃燒室與燃料混合，燃燒做功，外進氣道的空氣不進入燃燒室，而是與內進氣道流出的燃氣相混合後排出。外進氣道的空氣只通過風扇，流速較慢，且是低溫，內進氣道排出的是高溫燃氣。兩種氣體混合後，同時降低了噴嘴平均流速與溫度。

PS1：高旁通比發動機在次音速時有非常好的能效，通常用於客機、運輸機和戰略轟炸機等。

PS2：低旁通比發動機通常配有後燃器，以高油耗為代價，獲得更大的推力，可用於超音速飛行，通常用於戰鬥機。

【範例（民航特考考題）】

假設一噴射飛機設重量為 W，參考面積為 S，飛機每產生一磅推力，每小時消耗燃料 C 磅，燃料總重量為 W_{fuel}。飛機以等高度（空氣密度為 ρ）飛行，C_L 為升力係數，C_D 為阻力係數。試以所給的參數導出最低阻力之速度與最遠航程。

解答

一、因為巡航速度狀態的飛行最經濟而且飛機的航程最大。這時候升力等於重力，推力等於阻力，所以根據升力公式

$$L = W = \frac{1}{2}\rho V^2 C_L S$$

我們可以得出巡航速度為 $V = \sqrt{\dfrac{2W}{\rho C_L S}}$

二、因為 TSFC 為 C，推力等於阻力，所以根據阻力公式

$$T = D = \frac{1}{2}\rho V^2 C_D S$$

巡航時間為$\dfrac{W_{fuel}}{T\times C}=\dfrac{W_{fuel}}{\dfrac{1}{2\rho V^2 C_D S\times C}}$

最遠航程為巡航時間乘巡航速度，故可得最遠航程為$\dfrac{W_{fuel}}{\dfrac{1}{2\rho V^2 C_D S\times C}}\sqrt{\dfrac{2W}{\rho C_L S}}$

PS1：注意 TSFC 之定義以及航程時間與航程的算法。

PS2：必須注意單位轉換，例如 1 小時等於 3600 秒。

四、噴射發動機的效率

（一）定義

一般而言，在比較發動機性能時，通常會採用推進效率（Propulsive Efficiency）、發動機熱效率（Thermo- efficiency）或整體推進效率（Overall Efficiency）來做為指標，分別定義：

1. **推進效率**：推進效率=飛機飛行功率（推力與飛行速度之乘積）與排氣噴嘴輸出功率（單位時間所產出之噴氣動能）之比值。
2. **熱效率**：發動機熱效率=排氣噴嘴輸出功率與渦輪進氣功率（單位時間之吸氣能量與燃燒所產之熱能）之比值。
3. **整體推進效率**：整體推進效率=推進效率與發動機熱效率之乘積。

（二）降低燃油消耗率的方法

要達到較低的燃油消耗率的方式有二：一是增加推力以提高推進效率，另一為增加發動機熱效率。高旁通比之渦輪風扇發動機後送之旁通氣流的動量較大，又擁有最佳的整體推進效率，故兼具了推力大又省油的優點，所以逐漸成為現代民航機與戰機的新主流。

五、渦輪發動機（Turbine Engine）的基本元件

如圖七十二所示，渦輪發動機的基本元件為進氣道（Inlet）、壓縮器（Compressor）、燃燒室（Combustion Chamber）、渦輪（Turbine）以及噴嘴（Nozzle）等五個部份，各元件介紹如後：

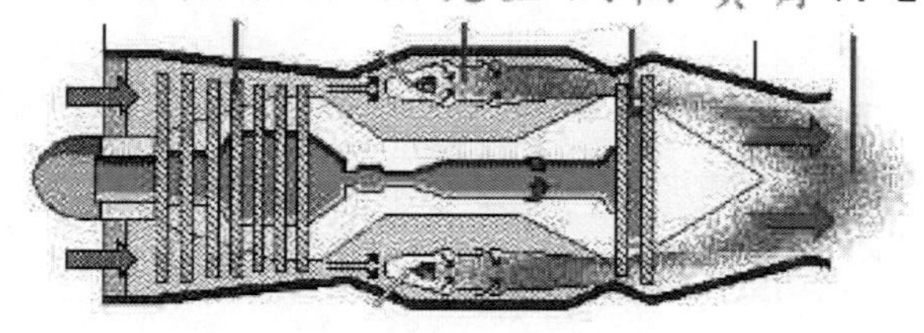

圖七十二

（一）進氣道（Inlet）

1. **功能**：進氣道在渦輪發動機的功能有二：一是吸入空氣與減速增壓，另一則是提供穩定氣流給壓縮器。
2. **設計原則**：進氣道功能之主要是讓進入發動機的空氣能夠充分的減速且穩定平順，所以其設計時須考量一、減少氣流扭曲及亂流的發生，另一則是避免超音速飛行時在進氣道內之震波擾動。
3. **工作原理**：在發動機理論探討中只有次音速氣流（$M_a < 1$之氣流）與超音速氣流（$M_a \geq 1$之氣流），在次音速時是利用衝壓原理（柏努利定律）來達到減速增壓的目的，而在次音速時則是利用震波來達到減速增壓的目的。次音速飛機之進氣口形狀多為圓形，超音速飛機則多採長方形或方形之可變式進氣口，所有常規噴氣發動機都只能吸收速度約 0.5 馬赫的氣流，否則發動機效率會大大降低，並可能引發發動機喘振等問題。

【範例（民航特考衍生考題）】

試述進氣道的工作原理。

解答

如上所述

（二）壓縮器

普通大氣壓力的空氣摻和燃油之混合氣，點燃後產生的燃氣膨脹的程度不足作有用的功推動航空器，空氣經加壓，然後摻和燃油，點燃後的燃氣才能使引擎順利工作。所以壓縮器是渦輪發動機的主要元件之一。

1. **功能**：壓縮器在渦輪發動機的功能有二，一是壓縮空氣，並提供穩定氣流送入燃燒室燃燒，另一則是提供冷卻氣流至低壓渦輪以達散熱目的。
2. **優缺點分析**：壓縮器之型別可分為輻流式（離心式）及軸流式兩種，兩者均由渦輪所驅動並直接裝置於渦輪傳動軸上。二者的優缺點規納如下表所示：

離心式壓縮器（centrifugal compressor）	軸流式壓縮器（axial compressor）
結構簡單	結構複雜
造價低廉	造價較高
為提高單級壓縮比，葉輪半徑要加大，影響前視面積	為提高壓縮比，需增加壓縮級數，將影響發動機長度
對單級而言，離心式壓縮器的壓縮比較大。	由於軸流式壓縮器採多級壓縮，故整體而言，軸流式壓縮器的壓縮比要比單級的離心式壓縮器要大
高轉速時，葉輪葉尖速度會超過音速，而造成震波，降低壓縮效率。	高轉速時由於葉片半徑短，葉尖速度不易超過音速。

3. **壓縮器失速**：壓縮器失速乃是因為空氣流量不正常通過壓縮器所致，當平滑氣流流經壓縮器被破壞時，則有失速或衝激現象發生。失速意指僅一級或數級氣流型態受破壞，但壓縮器衝激指流經壓縮器之所有氣流全部崩潰（break down）。失速首先發生於前一級或前數級，當情況持續惡化直至各級均失速，

則壓縮器即成衝激。從失速過渡至衝激甚為快速，不易察覺。輕微失速可能僅造成微幅震動或加（減）速不良之特性，對發動機運轉無損害或影響不顯著。較嚴重之壓縮器失速與衝激則會造成發動機巨響或渦輪進氣溫度明顯昇高。壓縮器（發動機）失速發生的原因大抵可分成氣流不穩定（空氣亂流）、進氣口平穩氣流遭到阻礙（結冰或外物損傷、壓縮器性能降低、污染、刮傷或葉片尖端間隙過大）、攻角因素與大動作的飛行等。除非是因為進氣氣流受到阻擋或發動機內部機件故障，否則發動機失速只需緩緩收回油門，再慢慢向前推動油門即可使發動機恢復正常運轉。

【範例（民航特考衍生考題）】

試述壓縮器（發動機）失速的原因與改善方式。

解答

壓縮器（發動機）失速乃是因為空氣流量不正常通過壓縮器所致；除此之外，空氣亂流與／或進氣口平穩氣流遭到阻礙，也是壓縮器（發動機）失速的原因之一。壓縮器（發動機）失速發生的原因大抵可分成氣流不穩定（空氣亂流）、進氣口平穩氣流遭到阻礙（結冰或外物損傷、壓縮器性能降低、污染、刮傷或葉片尖端間隙過大）、攻角因素與大動作的飛行等。除非是因為進氣氣流受到阻擋或發動機內部機件故障，否則發動機失速只需緩緩收回油門，再慢慢向前推動油門即可使發動機恢復正常運轉。

（三）燃燒室（Combustion Chamber）

1. **功能**：燃燒室在渦輪發動機的功能主要是提供足夠空間與時間，使壓縮後的空氣與燃油充份混合燃燒，燃油充份釋放熱量，其目的在於加熱氣流使氣體受加熱後壓力增加與溫度增加，在通過渦輪時進而帶動渦輪轉動。
2. **工作原理**：如圖七十三所示，壓縮器出口氣流僅有25%進入燃燒室與燃料混合燃燒，使氣體變成高溫高壓狀態。其餘75%用以冷卻燃燒室襯筒，再與燃氣混合後流向渦輪。

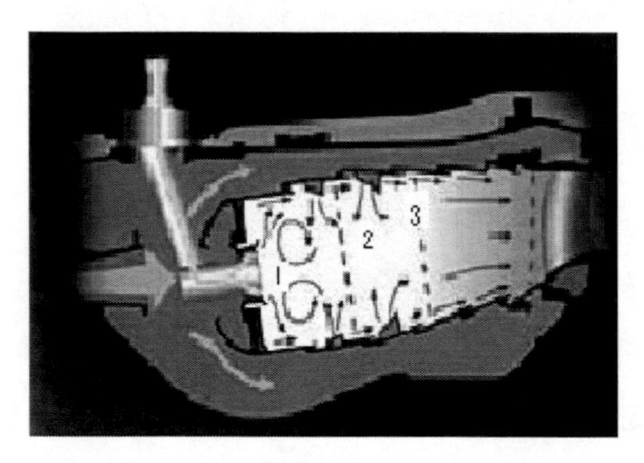

圖七十三

【範例（觀念題）】

試述壓縮器出口氣流進入燃燒室參與燃燒所佔比例，並說明其餘氣流的功用。

解答

壓縮器出口氣流僅有25%進入燃燒室參與燃燒，其餘75%用以冷卻燃燒室襯筒，再與燃氣混合後流向渦輪。

（四）渦輪（Turbine）

渦輪在渦輪發動機的功能主要是帶動壓縮器轉動。

（五）噴嘴（Nozzle）

1. **功能**：噴嘴在渦輪發動機的功能是將在燃燒室燃燒後後氣體減壓加速並排至外界。

2. **噴口面積法則**：

（1）**目的**：噴口面積法則之目的主要是說明噴嘴的截面積在次音速與超音速時和速度關係。

（2）**公式**：$\frac{dA}{A}=(M^2-1)\frac{dV}{V}$

在此 A 是指面積，dA 是指面積的改變量，dA/A 是指面積的改變率；V 是指速度，dV 是指速度的改變量，dV/V 是指速度的改變率；M 為馬赫數。

（3）**物理意義**：從噴口面積法則中，我們可得一個重要觀念，那就是：

M＜1（次音速流），面積變大，速度變小；面積變小，速度變大。

M＞1（超音速流），面積變大，速度變大；面積變小，速度變小。

這也是次音速流使用漸縮噴嘴（Converging Nozzle），而超音速流使用細腰噴嘴（Converging-Diverging Nozzle）的原因。此二噴嘴之示意圖如圖七十四與圖七十五所示。

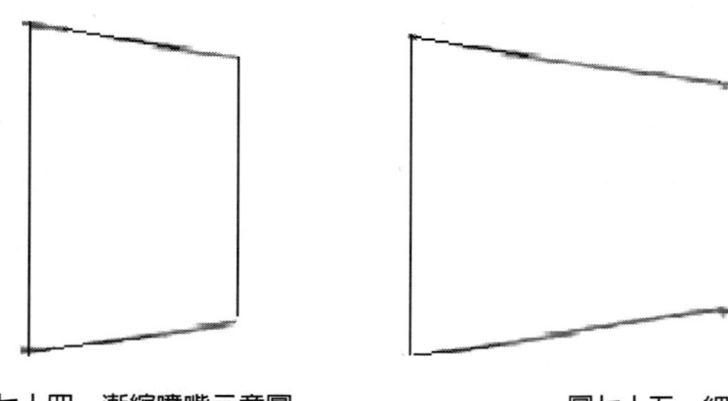

圖七十四　漸縮噴嘴示意圖

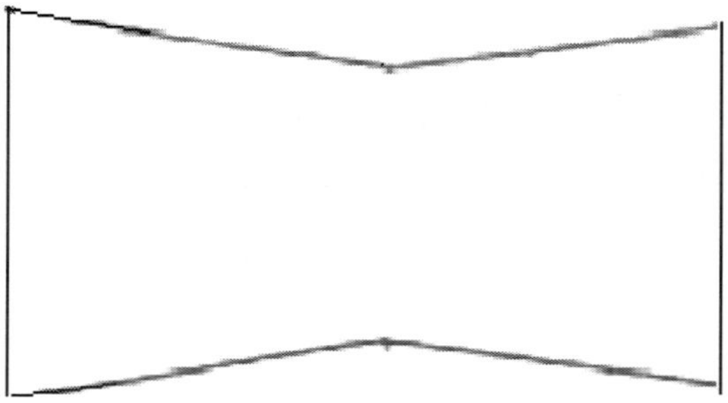

圖七十五　細腰噴嘴示意圖

【範例（民航特考考題）】

試述噴口面積法則 $\frac{dA}{A}=(M^2-1)\frac{dV}{V}$ 公式中各符號之意義。

解答

如上所述。

【範例（民航特考考題）】

試述噴口面積法則 $\frac{dA}{A}=(M^2-1)\frac{dV}{V}$ 公式之物理意義。

解答

如上所述。

【範例（民航特考考題）】

試繪出次音速流與超音速流噴嘴之示意圖與說明原因。

解答

一、先繪出圖七十四與圖七十五之示意圖。

二、依照「噴口面積法則之物理意義」內容解釋之。

3. **阻塞現象（Choked Condition）**：所謂阻塞現象是航空發動機的內部流場在到達音速後，空氣的質流率會被局限在音速時的質流率，也就是航空發動機的內部流場超過音速後，空氣的質流率不變，這種現象我們稱之為阻塞（Choke）現象。

六、其他主要元件

（一）後燃器（After Burner；戰鬥機所使用之增加推力裝置）

1. **功能**：基本上後燃器可說是一種再燃燒的裝置，於後燃器處再噴入燃油，使未充分燃燒的氣體與噴入的燃油混合再次燃燒，經過可變噴口達到瞬間增加推力的目的。
2. **優缺點**：後燃器的優點是在發動機不增加截面積及轉速的情況下，增加 50～70%之推力，且構造簡單，造價低廉，而其缺點是耗油量大，同時過高的氣體溫度也影響發動機的壽命，因此發動機開啟後燃器一般是有時間限制，通常是戰鬥機在起飛、爬升和最大加速等飛行階段才使用。

（二）推力反向器（Thrust reversal）

1. **功能**：是飛機發動機中一個用暫時改變氣流方向的裝置，使發動機的氣流轉向前方，而非向後噴射，這樣會使發動機的推力倒轉而使飛機減速。
2. **應用**：推力反向器一般用於噴氣式飛機（使用渦輪發動機的飛機，例如：福克 70 型客機及波音 777 客機），在降落以後減速以縮短降落距離。很多螺旋槳飛機也可以透過改變螺旋槳的揚角至反向的角度，達到反向推力的目的。有時，當發動機怠轉而不需要前向的推力（在結冰或濕滑的地面更為如此），又或者是要避免發動機氣流造成破壞的時候，也會使用推力反向器。

（三）向量噴嘴（Vector Nozzle）

向量噴嘴是一種飛機使用的推進技術，早期大都用於垂直起降戰機上，至 1980 年代末期後，才開始在普通戰機上廣泛應用。

1. **功能**：利用控制推進器噴嘴的偏轉，達到改變噴射氣流方向並進而使速度向量改變的技術就稱為向量推力控制（TVC，Thrust Vector Control），此種推進方式通稱為向量噴嘴，目前設計中或已問世的第五代戰機多均已採此種新技術。
2. **目的**：透過持續控制並微調向量噴嘴，使推力不通過飛行器的重心，飛行器可進行低速率、高攻角這類在傳統推力方式下必定失速墜毀的高難度動作。除此之外，向量噴嘴亦可在起降時提供額外的向下推力，使飛行器達到短場起降（STOL）甚至是垂直起降（VTOL）能力。

參考資料

一

圓柱座標的向量介紹

在空氣動力學中常使用的座標有直角座標與圓柱座標的向量介紹，直角座標在本書已做介紹，在此介紹圓柱座標常使用的公式以供同學參考。

（一）圓柱座標與直角座標（x，y，z）之間的關係

$$x = r\cos\theta \qquad y = r\sin\theta \qquad z = z$$

（二）速度的表示法

$$\vec{V} = (v_r, v_\theta, v_z) = v_r \vec{n}_r + v_\theta \vec{n}_\theta + v_z \vec{n}_z$$

（三）梯度函數

$$\nabla = \frac{\partial}{\partial r}\vec{n}_r + \frac{1}{r}\frac{\partial}{\partial \theta}\vec{n}_\theta + \frac{\partial}{\partial z}\vec{n}_z$$

（四）對流時間導數

$$\vec{V} \bullet \nabla = v_r \frac{\partial}{\partial r} + \frac{v_\theta}{r}\frac{\partial}{\partial \theta} + v_z \frac{\partial}{\partial z}$$

（五）不可壓縮流（流線函數是否存在）的判定式

$$\nabla \bullet \vec{V} = \frac{1}{r}\frac{\partial}{\partial r}(r v_r) + \frac{1}{r}\frac{\partial}{\partial \theta}(v_\theta) + \frac{\partial v_z}{\partial z}$$

（六）非旋性流（速度勢是否存在）的判定式

$$\nabla \times \vec{V} = \frac{1}{r}\begin{vmatrix} \vec{n}_r & r\vec{n}_\theta & \vec{n}_z \\ \dfrac{\partial}{\partial r} & \dfrac{\partial}{\partial \theta} & \dfrac{\partial}{\partial z} \\ v_r & rv_\theta & v_z \end{vmatrix}$$

參考資料

二

民航人員三等考試
航務管理「空氣動力學」
歷年考古題

參考網站：中華民國考選部網站
（網址：http://wwwc.moex.gov.tw/main/exam/wFrmExamQandASearch.aspx?menu_id=156&sub_menu_id=171）

90年民航人員考試試題（空氣動力學第一試）

科　　目：空氣動力學

考試時間：二小時

※注意事項：

（一）不必抄題，作答時請將試題題號及答案依照順序寫在試卷上，於本試題上作答者，不予計分。

（二）禁止使用電子計算器。

一、試推導音速表示式 $a=\sqrt{(\frac{\partial P}{\partial \rho})_S}$ ，並說明在理想氣體情況下，音速僅為溫度的函數。

二、（一）說明在超音速飛行時，何者為次音速翼前緣（Subsonic leading edge）？何者為超音速翼後緣（Supersonic trailing edge）？

（二）試證圖示機翼（Wing planform）形狀在 $M_\infty<\left[1+(\frac{2c}{3b})^2\right]^{\frac{1}{2}}$ ，其翼前緣為次音速翼前緣

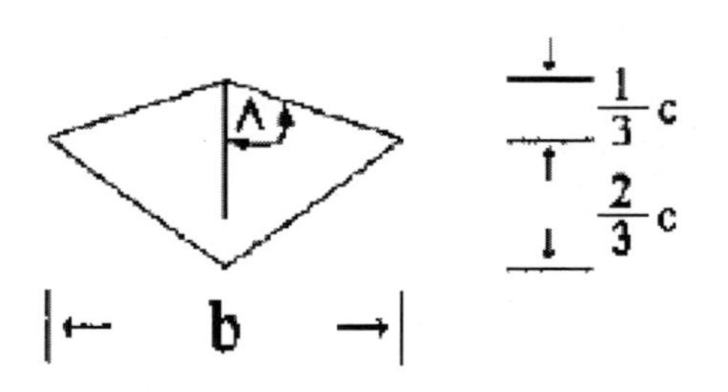

三、空氣的動黏滯性（kinematic viscosity）$\upsilon = 1.5\times10^{-5} m^2/\sec$，$v = 20m/\sec$，$\frac{\partial P}{\partial x} = 0$，流過固定平板時速度分布為 $\frac{u}{v} = \frac{3}{2}\frac{y}{\delta} - \frac{1}{2}(\frac{y}{\delta})^3$，試求平板端緣後，$L = 0.03m$ 處，邊界層的厚度 δ。

四、已知等熵可壓縮流在管道中流動，已知進口處 $M_1=0.3$，截面積 $A_1=0.001m^2$，壓力 P=650 kPa，$T_1=62$℃，出口處 $M_2=0.8$，試求出口速度 V_2 及 $\frac{P_2}{P_1}$ 的值，並請繪出該管道的形狀（設該流體為空氣）。

92 年民航人員考試試題

科　　目：空氣動力學

考試時間：二小時

※注意事項：

（一）不必抄題，作答時請將試題題號及答案依照順序寫在試卷上，於本試題上作答者，不予計分。

（二）禁止使用電子計算器。

一、某飛行器的阻力與升力係數有以下關係：

$$C_D = C_{D0} + KC_L{}^2$$

其中 C_D 為阻力係數，C_L 為升力係數，C_{D0} 與 K 可視為常數。

證明此飛行器的最大升阻比 $(L/D)_{max}$ 與在最大升阻比的升力係數分別為：

$$(L/D)_{max} = \frac{1}{2\sqrt{KC_{D0}}}$$

$$C_{L(L/D)_{max}} = \sqrt{\frac{C_{D0}}{K}}$$

二、解釋以下名詞：

（一）庫塔條件（Kutta Condition）

（二）穿音速截面法則（Transonic Area Rule）

（三）波阻力（Wave Drag）

（四）導致攻角（Induced Angle of Attack）

三、說明：

（一）機翼為何要設計成後掠（Sweptback）的氣動力原理？

（二）後掠翼對於處於翼梢附近的控制面有何影響？

（三）後掠翼與前掠翼的設計各有何優缺點？

四、具有升力的機翼在下游處會有翼尾緣渦流（Trailing Vortex）形成，請說明翼尾緣渦流形成的原因及其對升力的影響。在機場管制飛機起降，通常要有一定的隔離時間，試問此隔離時間與上述翼尾緣渦流及飛機起飛重量有關嗎？其理為何？

94 年民航人員考試試題

科　　目：空氣動力學

考試時間：二小時

※注意事項：

（一）不必抄題，作答時請將試題題號及答案依照順序寫在試卷上，於本試題上作答者，不予計分。

（二）禁止使用電子計算器。

一、探討空氣流經飛機之空氣動力學時，可將阻力（drag）分為那四類？敘述各類阻力之來源。

二、在空氣動力學中，何謂攻角（angle of attack）？何謂彎度（camber）？繪出不可壓縮空氣流（incompressible flow）流經具有正彎度翼剖面（airfoils with positive camber）所產生之升力係數（C_L）與攻角定性關係圖，並說明該圖之特性。

三、何謂阻力發散馬赫數（drag-divergence Mach number）？何謂音障（sound barrier）？為了處理飛機接近音速飛行之大阻力問題，在飛機空氣動力學設計方面，有那些方法（列舉四種）？

四、何謂襟翼（flap）？何謂 leading edge slat？其在飛機上主要用途為何？其原理為何？

五、以民航客機波音 747 及英法合製協和號（Concorde）飛機為例，敘述此二飛機之機頭、機翼、機身及引擎進氣道等外型特徵。就空氣動力而言，說明為何有此設計上差異？協和號客機自 70 年代服役後，到目前為止，為何未再有類似協和號商業客機服役？

95年民航人員考試試題

科　　目：空氣動力學

考試時間：二小時

※注意事項：

（一）不必抄題，作答時請將試題題號及答案依照順序寫在試卷上，於本試題上作答者，不予計分。

（二）禁止使用電子計算器。

一、請針對一速度為不可壓縮流之機翼剖面（Airfoil），詳細說明其產生升力之機制，在你的敘述中請務必包含庫塔條件（Kutta Condition）之討論。

二、何謂流線（Streamline）及流線函數（Stream Function）？請詳述此二者之關係及其物理意義。

三、何謂平均空氣動力弦長（Mean Aerodynamic Chord）？何謂空氣動力中心（Aerodynamic Center）？當飛行器速度由馬赫數0.3增加到1.4時，其空氣動力中心位置有何變化？

四、請詳細說明下列空氣動力裝置之外形、功能或目的

（一）翼端小翼（Winglet）

（二）超臨界機翼剖面（Supercritical Airfoil）

五、請詳述在超音速時，各種震波（Shock Waves）及膨脹波（Prandtl-Meyer Expansion Waves）之產生機制及其影響，吾人如何減緩其影響？

96年民航人員考試試題

科　　目：空氣動力學

考試時間：二小時

※注意事項：

（一）不必抄題，作答時請將試題題號及答案依照順序寫在試卷上，於本試題上作答者，不予計分。

（二）禁止使用電子計算器。

一、（一）請列出白努力方程式（Bernoulli's Equation）？

（二）請寫出其方程式之基本假設。

（三）試問世上可有流體「無黏性」？

（四）具黏性流體可否應用白努力方程式？

二、何謂流線（streamline）？痕線（streakline）？及軌跡線（pathline）？試問噴射機在天空留下的飛行雲為何者？在何種狀態下此三者會相同？

三、一般航空器機翼會加裝襟翼（flap）

（一）試繪出兩種襟翼剖面示意圖。

（二）其操作時對升力和阻力的影響及主要用途為何？

（三）試繪出升力係數（C_L）與機翼衝角（attack angle,α）定性關係圖，並說明襟翼操作時之特性變化。

四、協和（Concorde）號飛機是世界上至今最高速的載客航空器，最高速度可超過馬赫數 2。請說明何謂跨音速（transonic）？何謂音障？並請繪出超音速航空器其阻力係數與馬赫數之定性關係圖。

97年民航人員考試試題

科　　目：空氣動力學

考試時間：二小時

※注意事項：

（一）不必抄題，作答時請將試題題號及答案依照順序寫在試卷上，於本試題上作答者，不予計分。

（二）禁止使用電子計算器。

一、飛機飛行時主要有那四種力作用在飛機上？由此四種力的角度，敘述飛機為什麼會飛。

二、繪出一典型機翼剖面（airfoil），標示出"mean camber line"、"camber"、"chord line"及"chord"，並說明各名詞之定義。什麼是"NACA 2412 airfoil"？

三、高爾夫球飛行時，有那兩種阻力作用在球上？由空氣動力學的角度，說明高爾夫球表面為何設計成凹凸面。

四、何謂勢流（potential flow）？何謂速度勢（velocity potential）？
如何由速度勢得到流場之速度分量？在空氣動力學中，速度勢與流線函數（stream function）在應用範圍有那兩方面主要差異？

五、空氣動力學中，由面積－速度關係[$\frac{dA}{A}=(M^2-1)\frac{du}{u}$]，可得到那些重要訊息？根據面積－速度關係，說明超音速噴射飛機噴嘴（nozzle）設計理念？

六、何謂臨界馬赫數（critical Mach number）？機翼的厚薄與臨界馬赫數大小有何關聯？何謂面積準則（area rule）？在探討可壓縮流中，何謂 Prandtl-Glauert rule？

98 年民航人員考試試題

科　　目：空氣動力學

考試時間：二小時

※注意事項：

（一）不必抄題，作答時請將試題題號及答案依照順序寫在試卷上，於本試題上作答者，不予計分。

（二）禁止使用電子計算器。

一、試說明為何近代高性能民航機的巡航速度多設定在穿音速（Transonic Speed）區間；在此音速附近，翼表面的空氣動力特徵為何？請以馬赫數為參數，說明升力係數與阻力係數在由次音速跨越至超音速時的特徵趨勢變化。

二、雁群飛行時會自然形成一「人」字形狀編隊飛行，試說明其理由為何？（10分）在民航界，有人提出為解決機場容量不足，若要增加起降次數，可以採取類似鳥類的編隊飛行模式，你認為可行嗎？請說明可行或不可行的理由。。

三、何謂展弦比（Aspect Ratio）？試說明翼展對空氣動力特性的影響。

四、說明為何翼剖面（Airfoil）皆選擇尖銳的尾緣（Trailing Edge）設計。

五、何謂襟翼（Flap）？為何在飛機起降時段皆會放下襟翼，並解釋襟翼角度變化時對機翼升、阻力及空氣動力中心的影響。

100 年民航人員考試試題

科　　目：空氣動力學

考試時間：二小時

※注意事項：

（一）不必抄題，作答時請將試題題號及答案依照順序寫在試卷上，於本試題上作答者，不予計分。

（二）禁止使用電子計算器。

一、一般稱誘導阻力（induced drag）為因升力而產生之阻力（drag due to lift），請解釋此阻力之成因為何？

二、何謂庫塔條件（Kutta Condition）？試說明其與升力產生的關聯。

三、機翼上之高升力裝置有那些？請舉出兩例並說明其增加升力是應用了那些機制。

四、何謂壓力中心（pressure center）與空氣動力中心（aerodynamic center）？

五、在同一圖中繪出一對稱二維翼形（airfoil）與三維對稱機翼（wing）的升力係數曲線，亦即，升力係數隨攻角（Angle of attack）變化（C_L vs.α）之分布圖。請標明零升力攻角所在位置，並解釋此二曲線之異同。

六、一弦長（chord）為 2 m，翼面積為 16 m^2 之 NACA 0009 機翼於海平面高度（$\rho = 1.23\ kg/m^3$）之速度為 50 m/s。若不考慮翼尖之三維效應，在總升力為 6760 N（牛頓）使用薄翼理論下（$C_L = 2\pi\ \alpha$），其攻角應該是幾度（degree）？

七、一不可壓縮流場之速度為 $u = x^2 + y^2$, $v = -2xy+3x$。請問是否存在流線函數 ϕ（stream function）與速度勢 ψ（velocity potential）？若存在，請問為何？

101 年民航人員考試試題

等　　別：三等考試

科　　目：空氣動力學

考試時間：二小時

※注意事項：

（一）不必抄題，作答時請將試題題號及答案依照順序寫在試卷上，於本試題上作答者，不予計分。

（二）得使用電子計算器。

一、已知密度為ρ之不可壓縮無黏性流體，以均勻流速 U_0 流經一圓柱（二維），其流線分布可用流線函數 $\varphi(x,y)=(U_0 y - D\frac{y}{x^2+y^2})$ 表達，其中 D 為偶極子（Double）之強度，

（一）請由上述流線函數 $\varphi(x,y)$ 求出該圓柱之半徑 a（$x^2+y^2=a^2$）。

（二）請問該圓柱上所受之升力 L 及阻力 D 各為多少？並請說明造成該結果之原因。（10 分）

二、（一）已知密度為ρ之不可壓縮流體，以均勻流速及 U_0 攻角 α 流經弦長為 C 的薄平板（二維），請用因次分析法（Dimensional Analysis）求出該平板之升力 L 與上述ρ、U_0、α 及 C 等參數間之無因次關係式（10 分）。

（二）請由（一）中之結果定義出平板之升力係數 C_L 並請寫出 C_L 與攻角 α 之關係式及求出 $\frac{dC_L}{d\alpha}$ 之斜率值。（10 分）

三、為操縱固定翼飛機之俯仰（Pitch）、滾轉（Roll）及偏轉（Yaw）等三種運動，請用中文及英文寫出其所採用之控制面（Control surface）並請繪圖說明之。（20 分）

四、在次音速風洞實驗中，當風速$U_0 = 30m/s$時（其馬赫數經計算為$M_\infty = 0.088$），在模型翼型（airfoil）上測出某點之壓力係數$C_{Pi} = -1.18$，當風速增加到$U_0 = 240m/s$，在相關條件相同下，請問其馬赫數M_∞增為多少？並請利用 Prandtl-Glauert rule 求出該點壓力係數C_{Pc}（20 分）

五、（一）某細長物體以超音速（supersonic）飛行，其前端形成馬赫波（Mach wave），當馬赫角$\mu = 30^0$時，請問該細長物體飛行之馬赫數 M 為多少？（10 分）

（二）如該細長物體以極超音速（hypersonic）飛行，請問其馬赫角μ是大於或是小於 30°？並請說明其原因。（10 分）

特別收錄

101 年民航特考考試試題詳解

101 年民航人員航務管理考試試題解答

等　　別：三等考試

科　　目：航務管理

考試時間：二小時

※注意事項：

（一）不必抄題，作答時請將試題題號及答案依照順序寫在試卷上，於本試題上作答者，不予計分。

（二）得使用電子計算器。

一、已知密度為 ρ 之不可壓縮無黏性流體，以均勻流速 U_0 流經一圓柱（二維），其流線分布可用流線函數 $\varphi(x,y)=(U_0 y - D\frac{y}{x^2+y^2})$ 表達，其中 D 為偶極子（Double）之強度，

（一）請由上述流線函數 $\varphi(x,y)$ 求出該圓柱之半徑 a（$x^2+y^2=a^2$）。

（二）請問該圓柱上所受之升力 L 及阻力 D 各為多少？並請說明造成該結果之原因。（10 分）

解題要訣

一、流線函數求速度 $\nabla\bullet\vec{V}=0\Rightarrow u=\frac{\partial\varphi}{\partial y};v=-\frac{\partial\varphi}{\partial x}$ 。

二、停滯點的觀念。

三、流體流場的簡化條件。

解答

（一）

1. 因為流線函數已知，$u=\frac{\partial\varphi}{\partial y}=U_0-D\frac{x^2-y^2}{(x^2+y^2)^2}$ ；$v=-\frac{\partial\varphi}{\partial x}=D\frac{2xy}{(x^2+y^2)^2}$ 。

2. 如下圖所示，

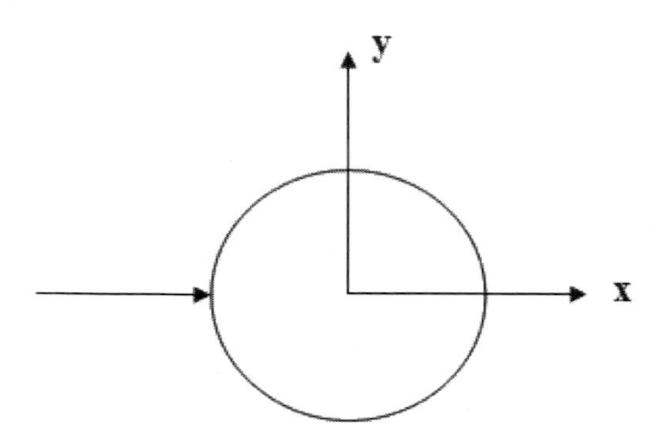

在$x=-a, y=0$處為停滯點，也就是$u=v=0$，因此

$$U_0 - D\frac{a^2}{a^4} = 0 \Rightarrow a = \sqrt{\frac{D}{U_0}}$$ 。

（二）

1. 根據柏努利方程式，因為圓球上下對稱無壓差，所以圓柱上所受的升力為0。
2. 一般物體所承受的阻力可分為壓力阻力（形狀阻力）與摩擦阻力二種，因為題目假設無摩擦力存在，所以摩擦阻力為0；又依據壓力阻力定義，因為圓球左右對稱對稱無壓差，所以壓力阻力為0。因此圓柱上所受的阻力為0。
3. 任何物體運動都會有阻力，會造成此結果是因為題目假設穩態與無摩擦力的緣故，所以所得阻力為0。

衍生出的問題

一、流線函數（Stream Function）或二維不可壓縮流的判定。
二、由流線函數求二維流場的速度。
三、由二維速度流場求流線函數。
四、勢流（potential flow）或二維非旋性流場的判定。
五、由勢流函數ϕ求二維流場的速度。
六、求流體流場的加速度。
七、阻力的定義。
八、阻力的種類與形成原因。

二、（一）已知密度為ρ之不可壓縮流體，以均勻流速及U_0攻角α流經弦長為C的薄平板（二維），請用因次分析法（Dimensional Analysis）求出該平板之升力L與上述ρ、U_0、α及C等參數間之無因次關係式（10分）。

（二）請由（一）中之結果定義出平板之升力係數C_L並請寫出C_L與攻角α之關係式及求出$\frac{dC_L}{d\alpha}$之斜率值。（10分）

解題要訣

一、使用因次分析法的六大步驟求解。

二、薄翼理論。

解答

（一）

1. 與題目有關的影響變數（物理量）為升力L、密度ρ、速度U_0、攻角α及面積S等5個變數，在此S為平視面積（S=bc；b為薄平板寬度，C為弦長）。

2. 列出每個物理量的因次：

 (1) 升力L：MLT^{-2}

 (2) 密度ρ：ML^{-3}

 (3) 速度U_0：LT^{-1}

 (4) 面積S：L^2

 (5) 攻角α：無因次參數

3. 找出j個無法形成「無因次參數π」的個數：從上可知基本因數的數為3（M、L及T）。

4. 找出「無因次參數π」的個數：所以「無因次參數π」的個數為5-3=2。因為攻角α為無因次參數，所以只需要再用乘冪法找出一個無因次參數即可。

5. 利用乘冪法找出無因次參數：令$\pi_1 = L\rho^a U_0^b S^c$；$\pi_2 = \alpha$，求$\pi_1$

(1) 基本因數 M 的因次必須為 0，所以$1 + a = 0 \Rightarrow a = -1$。

(2) 基本因數 L 的因次必須為 0，所以$1 - 3a + b + 2c = 0 \Rightarrow b + 2c = -4$

(3) 基本因數 T 的因次必須為 0，所以$-2 - b = 0 \Rightarrow b = -2 \Rightarrow c = -1$

因此$\pi_1 = L\rho^{-1}U_0^{-2}S^{-1} = \dfrac{L}{\rho U_0^2 S}$；在此依據空氣動力學（或流體力學）的慣例，我們將無因次參數修正為$\pi_1 \equiv C_L = \dfrac{L}{\frac{1}{2}\rho U_0^2 S}$；在此 S 為平視面積（S=bc；b 為薄平板寬度，C 為弦長）。

6. $\pi_1 \equiv f(\pi_2)$：因為$\pi_1 \equiv f(\pi_2)$，所以$C_L \equiv \dfrac{L}{\frac{1}{2}\rho U_0^2 S} = \dfrac{L}{\frac{1}{2}\rho U_0^2 bC} = f(\alpha)$

PS：如果同學熟悉空氣動力學（或流體力學）問題所常使用的無因次參數及其所代表的物理意義以及薄翼理論，即可輕易猜出本題答案$C_L \equiv \dfrac{L}{\frac{1}{2}\rho U_0^2 bC} = f(\alpha) = 2\pi\alpha$。當然，由於題目指定用因次分析法求解，所以同學仍然必須依照因次分析法的六大步驟求解。

（二）根據題目給定所得到（一）的結果以及薄翼理論，我們可得到$C_L = f(\alpha) = 2\pi\alpha$，因此我們可以獲得$\dfrac{dC_L}{d\alpha} = \dfrac{d(2\pi\alpha)}{d\alpha} = 2\pi$。

衍生出的問題

一、使用因次分析法的好處。

二、基本因次的定義。

三、導出因次的定義。

四、風洞的功用與吹試條件。

五、機翼理論以及相關衍生的問題。

三、為操縱固定翼飛機之俯仰（Pitch）、滾轉（Roll）及偏轉（Yaw）等三種運動，請用中文及英文寫出其所採用之控制面（Control surface）並請繪圖說明之。（20分）

解題要訣

一、俯仰（Pitch）、偏航（Yaw）以及滾轉（Roll）之意義。

二、飛機控制面與其中英文名稱。

三、控制面的制動情形。

解答

一、飛機的控制面計有：

（一）升降舵（Elevator）：是使機頭上下移動之控制面，也就是飛機控制俯仰（Pitch）的控制面。

（二）方向舵（Rudder）：是使機頭左右移動之控制面，也就是飛機控制偏轉（Yaw）的控制面。

（三）副翼（Airelon）：是使機身左右滾轉之控制面，也就是飛機控制滾轉（Roll）的控制面。

二、如下圖所示：

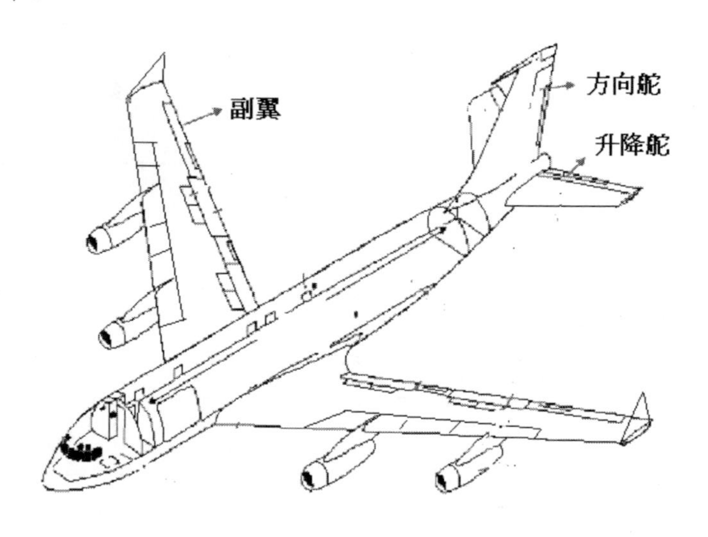

（一）當飛機欲執行俯仰（Pitch）運動時，升降舵（Elevator）必須上下移動，當飛機機頭欲向下移動，則升降舵向下擺動，使升降舵機翼上表面壓力小，下表面機翼壓力大，因此在機尾處產生一向上的力，進而達到飛機機頭欲下移動的目的。

（二）當飛機欲執行偏航（Yaw）運動時，方向舵必須左右移動，當飛機機頭欲向左移動，則方向舵向左擺動，使方向舵機翼上表面壓力小，下表面機翼壓力大，因此在機尾處產生一向右的力，進而達到飛機機頭欲向左移動的目的。

（三）當飛機欲執行滾轉（Roll）運動時，左右兩側的副翼是同時動作，但移動的方向是相反的，如果飛機欲向左側滾，則左側副翼上揚，右側副翼下降，使左側機翼上表面壓力大，下表面壓力小，而右側機翼上表面壓力小，下表面壓力大，因此產生一向左旋轉的力矩，而達到飛機向左滾轉的目的。

PS：一般考生在回答本題時，多只畫出圖形與寫出一、的答案，但此種回答的方式得分通常不多，因為民航特考的考試時間為 2 小時，考試多為四～六題，簡答分數通常不高，應用詳答的方式，也就是將控制面的制動情形一併解釋【也就是二、的答案】，才有可能得到高分。

衍生出的問題

一、飛機重要構造與功能。
二、控制面的制動機制。
三、六個自由度的觀念。

四、在次音速風洞實驗中，當風速$U_0 = 30m/s$時（其馬赫數經計算為$M_\infty = 0.088$），在模型翼型（airfoil）上測出某點之壓力係數$C_{Pi} = -1.18$，當風速增加到$U_0 = 240m/s$，在相關條件相同下，請問其馬赫數M_∞增為多少？並請利用 Prandtl-Glauert rule 求出該點壓力係數C_{Pc}（20 分）

解答

一、因為 $M_a \equiv \frac{V}{a} \Rightarrow 0.088 = \frac{30}{a}$，所以音（聲）速 $a \equiv \frac{30}{0.088} = 340.9(m/s)$。

又因為 $U_0 = 204m/s \Rightarrow M_\infty = \frac{V}{a} = \frac{204}{340.9} = 0.598$。

二、因為 Prandtl-Glauert rule $\frac{C_{P1}}{\sqrt{1-M_{1\infty}^2}} = \frac{C_{P2}}{\sqrt{1-M_{2\infty}^2}}$，所以

$$\frac{C_{Pc}}{\sqrt{1-0.598^2}} = \frac{-1.18}{\sqrt{1-0.088^2}} = -0.949$$。

衍生出的問題

一、馬赫數的定義與相關計算。
二、Prandtl-Glauert rule 的定義與功能。
三、利用馬赫數所做外部流場的分類。

五、（一）某細長物體以超音速（supersonic）飛行，其前端形成馬赫波（Mach wave），當馬赫角 $\mu = 30^0$ 時，請問該細長物體飛行之馬赫數 M 為多少？（10 分）

（二）如該細長物體以極超音速（hypersonic）飛行，請問其馬赫角 μ 是大於或是小於 30°？並請說明其原因。（10 分）

解答

（一）因為馬赫角 $\theta = \sin^{-1}\frac{1}{M_a} \Rightarrow \sin\theta = \frac{1}{M_a} \Rightarrow M_a = \frac{1}{\sin\theta}$，因為 $\sin 30^0 = \frac{1}{2}$，所以此細長物體飛行之馬赫數 M =2。

（二）

1. 小於 30°。

2. 因為馬赫角 $\theta \equiv \sin^{-1}\dfrac{1}{M_a}$，我們可以得知「馬赫數越大，馬赫角越小；馬赫數越小，馬赫角越大。」，又因為極超音速（hypersonic）的馬赫數大於超音速，也就是極超音速的馬赫數大於 2，所以 μ 小於 30°。

衍生出的問題

一、利用馬赫數所做外部流場的分類。
二、試述馬赫數與馬赫角的關係？

應用科學類　PB0021

空氣動力學概論與解析

作　　者 / 陳大達（筆名：小瑞老師）
責任編輯 / 黃姣潔
圖文排版 / 王思敏
封面設計 / 王嵩賀

發 行 人 / 宋政坤
法律顧問 / 毛國樑　律師
出版發行 / 秀威資訊科技股份有限公司
114 台北市內湖區瑞光路 76 巷 65 號 1 樓
電話：+886-2-2796-3638　傳真：+886-2-2796-1377
http://www.showwe.com.tw
劃撥帳號 / 19563868　戶名：秀威資訊科技股份有限公司
讀者服務信箱：service@showwe.com.tw
展售門市 / 國家書店（松江門市）
104 台北市中山區松江路 209 號 1 樓
電話：+886-2-2518-0207　傳真：+886-2-2518-0778
網路訂購 / 秀威網路書店：http://www.bodbooks.com.tw
國家網路書店：http://www.govbooks.com.tw

2013 年 6 月 BOD 一版
定價：450 元
版權所有　翻印必究
本書如有缺頁、破損或裝訂錯誤，請寄回更換

Copyright©2013 by Showwe Information Co., Ltd.
Printed in Taiwan
All Rights Reserved

國家圖書館出版品預行編目

空氣動力學概論與解析 / 陳大達著. -- 一版. -- 臺北市 :
秀威資訊科技, 2013.06
面 ; 公分. -- (應用科學類 ; PB0021)
BOD 版
ISBN 978-986-326-104-9(平裝)

1. 氣體動力學 2. 航空力學

447.55 102007591

讀者回函卡

感謝您購買本書，為提升服務品質，請填妥以下資料，將讀者回函卡直接寄回或傳真本公司，收到您的寶貴意見後，我們會收藏記錄及檢討，謝謝！

如您需要了解本公司最新出版書目、購書優惠或企劃活動，歡迎您上網查詢或下載相關資料：http:// www.showwe.com.tw

您購買的書名：________________________________

出生日期：________年________月________日

學歷：□高中（含）以下　□大專　□研究所（含）以上

職業：□製造業　□金融業　□資訊業　□軍警　□傳播業　□自由業

□服務業　□公務員　□教職　□學生　□家管　□其它_____

購書地點：□網路書店　□實體書店　□書展　□郵購　□贈閱　□其他

您從何得知本書的消息？

□網路書店　□實體書店　□網路搜尋　□電子報　□書訊　□雜誌

□傳播媒體　□親友推薦　□網站推薦　□部落格　□其他__________

您對本書的評價：（請填代號　1.非常滿意　2.滿意　3.尚可　4.再改進）

封面設計____　版面編排____　內容____　文／譯筆____　價格____

讀完書後您覺得：

□很有收穫　□有收穫　□收穫不多　□沒收穫

對我們的建議：________________________________

____

____

____

請貼
郵票

11466
台北市內湖區瑞光路 76 巷 65 號 1 樓
秀威資訊科技股份有限公司 收
BOD 數位出版事業部

（請沿線對折寄回，謝謝！）

姓　　名：＿＿＿＿＿＿＿＿＿＿　年齡：＿＿＿＿　性別：□女　□男

郵遞區號：□□□□□

地　　址：＿＿＿＿＿＿＿＿＿＿＿＿＿＿＿＿＿＿＿＿＿＿＿＿＿＿＿＿

聯絡電話：(日) ＿＿＿＿＿＿＿＿＿＿＿＿＿＿ (夜) ＿＿＿＿＿＿＿＿＿＿＿＿＿＿

E-mail：＿＿＿＿＿＿＿＿＿＿＿＿＿＿＿＿＿＿＿＿＿＿＿＿＿＿＿＿